조경경영 및 실무

정 용 조 지음

솔과학

목 차

머 리 말

조경이 우리나라에서 전문영역으로 자리 잡게 된 이후로 점차 조경에 대한 관심은 증가하고 있으며 사회가 발전하고 복잡·다변화 되면서 조경의 영역도 확대되고 있다. 저자는 조경과 관련된 일을 30년 넘게 해오면서 기술적 경험은 자부하면서 항상 부족하게 여겼던 경영분야에 대해 공부를 하기로 하고 지금까지 현장에서 익힌 실무경험과 연구 자료를 토대로 책을 출판하게 되었다.

저자도 조경기술자로서 경영이라는 부분은 항상 어려웠고 쉽게 접근하지 못했다. 대부분의 조경회사에서는 세무사사무소 등 경영전문회사에 위탁하여 관리하게 된다. 경영 지식이 없으면 경영에 관한 모든 것은 경험과 직감에 의존할 수밖에 없기 때문에 효율적인 경영을 위해서는 경영학 공부가 필요하다.

지금 우리 경제는 끝이 보이지 않는 저성장의 터널을 지나고 있으며 암울한 경제 현실 속에서 우리 기업들은 생존의 경쟁을 벌이고 있다. 우리 기업들은 창의성을 기반으로 한 신성장동력을 발판으로 지속가능한 혁신역량을 내재화 하고 경영관리시스템을 통하여 차별화된 전략경영을 준비해야 한다.

이번에 출판하는 조경경영 및 실무는 조경학을 공부하는 조경학과 학생들과 조경을 사랑하고 관심을 가지고 있는 독자, 조경실무에 종사하는 기술자들이 널리 이용할 수 있도록 회사설립부터 사업자등록, 재무, 노무, 4대 보험 등 회사 경영에 필요한 내용과 조경실무의 건설산업기본법과 공사입찰, 공사계약, 착공계, 준공계, 조경관련법규, 시방서, 품질관리, 안전관리 등을 수록하여 조경분야 경영과 실무에 지침서가 될 수 있도록 구성하였다.

집필하는 과정에서 다소 미흡한 내용들이 있을 것이라 생각되지만 이는 추후 보완을 통해 다듬어 갈 예정이며 그동안 「조경경영 및 실무」란 책을 출판하기까지 많은 도움을 주신 솔과학 김재광 사장님과 직원 여러분의 아낌없는 조언과 성원에 감사드립니다.

2020년 10월 30일

저자 정용조 올림

I

조경경영

Ⅰ. 조경경영

1. 회사설립

사업을 시작하기 위해서는 개인사업자를 내거나 주식회사를 설립해야 한다. 주식회사 설립은 개인사업자 등록에 비해 절차가 비교적 복잡한 편이므로 설립절차부터 방법, 소요시간, 비용 등을 꼼꼼히 따져 보아야 한다.

1) 개인사업자

개인사업자는 회사 등의 법인을 설립하지 않고 스스로 하는 사람을 말하며 이러한 사업을 하는 사람을 자영업자라고도 한다.

① 개인사업자 등록신청서

개인사업자로 등록하고자 할 때 작성하는 서식으로 개인사업자등록신청서를 작성할 때에는 상호, 전화번호, 성명, 주민등록번호, 소재지, 국세정보 수신 등의 여부, 업종, 개업일, 종업원 수, 사업장 구분, 인가 사업여부, 개별소비세 해당 여부, 사업자금 내역, 공급대가 예상액, 기타 신청사항 등으로 구분하여 각 항목에 정확한 내용을 기재하도록 하며, 관할 세무서에 신청하면 된다.

② 사업용 계좌 등록

사업용 계좌란 개인사업자가 첫째, 사업과 관련하여 물건(서비스)을 공급(제공)한 경우에 거래대금을 금융회사 등을 통해 결제하거나 결제 받는 경우, 둘째, 직원의 인건비와 사업장 임대료를 지급하거나 지급 받는 경우에 사용하는 금융계좌를 말한다. 물건을 팔고 대금을 금융기관을 통해 받는 경우 반드시 사업용 계좌에 거래대금이 찍혀 있어야 하며, 직원에게 급여를 주거나 건물주에게 임차료를 줄 때도 사업용 계좌에서 계좌이체 되어야 한다. 이처럼 사업용 계좌를 의무적으로 사용하도록 한 이유는 사업용 계좌를 사용함으로써 금융거래와 실물거래의 상호연계 확인이 가능해져 세원의 투명성이 높아지기 때문이다. 또한 사업자의 입장에서는 개인적인 거래와 사업 관련 거래를 분리함으로써 투명한 거래질서 확립 등 합리적인 경영의사결정에 도움이 될 것으로 기대된다.

③ 사업용 계좌 개설대상자

사업용 계좌의 개설대상자는 개인사업자이며, 법인은 개설대상자가 아니다. 모든 개인사업자들에게 강제하는 것은 아니며 일정 규모 이상의 사업을 하는 사람들만을 대상으로 하고 있다. 이러한 요건을 충족하는 개인사업자를 "복식부기의무자"라고 한다.

표1. 사업용 계좌를 개설·신고·사용해야 할 개인사업자

업 종	직전년도 수입금액
1. 부동산임대업, 사업서비스업, 교육서비스업, 보건 및 사회복지사업, 오락·문화 및 운동 관련 서비스업과 기타 공공·수리 및 개인서비스업, 가사서비스업	7,500만 원 이상
2. 제조업, 숙박 및 음식점업, 전기·가스 및 수도사업, 건설업, 운수업, 통신업, 금융 및 보험업	1억 5,000만 원 이상
3. 농업 및 임업, 어업, 광업, 도매업 및 소매업, 부동산 매매업, 상기 1과 2에 해당하지 않는 업종	3억 원 이상

④ 사업용 계좌 개설

사업용 계좌는 한국은행, 한국산업은행, 한국수출입은행, 중소기업은행 및 은행법에 의한 금융기관(일반 시중은행), 농협, 수협, 상호저축은행, 우체국, 새마을금고, 신용협동조합, 종합금융사 등과 기타 대통령령이 정하는 기관(산림조합 등)에서 개설한 후 해당 개설사항을 사업장 주소지 관할 세무서에 신고함으로써 완료된다.

⑤ 사업용 계좌 신고

사업용 계좌의 신고는 사업용 계좌 개설신고서와 통장사본을 가지고 사업자 본인 혹은 대리인이 세무서를 직접 방문해서 하거나 우편 또는 온라인으로 신고할 수 도 있다. 사업용 계좌 개설에 따른 세무서 신고는 계속사업자와 신규사업자에 따라서 각각 신고기한이 정해져 있는데 계속사업자는 과세기간 개시일로부터 3개월 이내에 사업용 계좌를 사업장 관할 세무서에 신고하면 되고, 신규사업자는 개업과 동시에. 복식부기의무자인 전문직사업자의 경우에는 개업년도 다음 과세기간 개시일로부터 3개월 이내에 사업용 계좌를 개설·신고하면 된다.

⑥ 사업용 계좌의 변경·추가시 신고

사업을 하다 보면 이런저런 이유로 통장을 새로 개설하거나 결제계좌를 변경해야 하는 경우가 발생하게 된다. 이때 새로 개설하는 경우에는 사업용 계좌로 등록하여야 하며, 다른 계좌로 변경하는 경우에도 사업용 계좌개설(추가·변경)신고서를 작성하여 신고하면 된다.

2) 주식회사 설립절차

주식회사 상호 결정 → 본점 소재지 결정 → 자본금 설정 → 사업목적 결정 → 임원 결정(대표이사, 이사, 감사 등) → 서류준비

① 법인회사 상호결정

주식회사의 상호는 한글, 영문, 아라비아숫자로만 사용 가능하며, 상호 앞 혹은 뒤에 주식회사를 반드시 표시해야 한다.

② 본점 소재지 결정

주식회사의 본점 소재지는 세금과 밀접한 관련이 있으며, 수도권과밀억제권역 내 설립할 경우 중과 대상에 해당되며, 또한 지역에 따라 법인세를 최대 100%까지 감면받을 수 있으므로 본점 소재지는 신중히 결정해야 한다.

③ 자본금 결정

주식회사를 설립할 때 자본금은 자유롭게 설정할 수 있으나 건설업이나 경비업, 여행업, 정보통신공사업, 인력파견업 등 일부 업종은 최소 자본금제도가 적용되므로 업종에 따라 적절한 자본금을 설정해야 한다.

④ 사업목적 결정

법인은 등기부등본에 기재된 사업만 영위할 수 있으므로 사업목적은 구체적이고 명확하게 정해야 하며, 추후 변경과 추가할 수 있으나 추가 비용이 발생한다.

⑤ 임원결정

주식회사에는 대표이사를 비롯하여 이사, 감사 등 임원이 존재한다. 자본금 10억 원 미만일 경우에는 이사 1명이라도 법인설립이 가능하지만 자본금이 10억 원 이상일 경우에는 이사 3인, 감사 1인 이상 총 4인 이상의 임원이 필요하다.

3) 법인설립등기 서류

■ 취임승낙서

- 인감, 개인신고서
- 개인인감증명서 1통
- 주민등록초본(등본) 1통
- 은행잔고증명서
- 법인인감도장

4) 법인설립 비용

주식회사 설립 시 발생하는 비용은 크게 공과금과 대행 수수료(법무사에 위임한 경우)가 발생한다. 공과금과 대행 수수료는 자본금과 지역에 따라 달라지기 때문에 여러 업체에 등기견적을 받아 본 후 합리적으로 결정하는 것이 좋다.

표2. 법인설립 등기비용

구 분	수도권 과밀억제권역	수도권 과밀억제권역 외	비 고
등록면허세	자본금×0.012	자본금×0.004	
지방교육세	등록면허세×0.2	등록면허세×0.2	
대행수수료	자본금과 지역에 따라 다름		

2. 사업자등록

1) 사업자등록 안내

사업상 독립적으로 재화 또는 용역을 공급하는 사람은 사업자등록을 하여야 하며, 사업자는 사업장마다 사업개시일로 부터 20일 이내에 사업장 관할 세무서장에게 사업자등록을 신청하여야 한다. 신규로 사업을 시작하려는 사람은 사업개시 일 이전이라도 사업자등록을 신청할 수 있다. 실제 사업을 하는 사람이 사업자등록을 하여야 하며, 명의대여 시 사업과 관련한 각종 세금이 명의를 빌려준 사람에게 나오며, 세금을 못 낼 경우 명의를 빌려준 사람의 재산이 압류·공매되고 신용불량자가 되는 등 큰 피해를 볼 수 있으니 주의하여야 한다.

2) 사업자등록 신청

① 사업자등록 신청 절차(부가가치세법 제8조)

사업자등록은 사업장마다 하여야 한다(사업장이 여럿이면 각각의 사업장마다 별도로 사업자등록을 하여야 한다).

사업개시 전 또는 사업을 시작한 날로부터 20일 이내에 구비서류를 갖추어 관할세무서 또는 가까운 세무서 민원봉사실에 신청하여야 한다.

- 사업자등록신청서는 사업자 본인이 자필로 서명하여야 한다.
- 대리인이 신청할 경우 대리인과 위임자의 신분증을 필히 지참하여야 하며 사업자등록신청서에 사업자 본인 및 대리인 모두 인적사항을 기재하고 자필 서명하여야 한다.
- 2인 이상의 사업자가 공동사업을 하는 경우 사업자등록신청은 공동사업자 중 1인을 대표자로 하여 대표자 명의로 신청해야 한다. 홈택스에 가입되어 있고 공인인증서가 있으면 세무서에 방문하지 않고 인터넷을 통하여 사업자등록 신청 및 구비서류 전자제출이 가능하며 사업자등록이 완료되면 사업자등록증 발급도 가능하다.

② 간이과세자와 일반과세자의 구분

개인사업자는 공급대가에 따라 간이과세자와 일반과세자로 구분되므로 자기에게 맞는 올바른 과세유형을 선택하여야 하며, 간이과세자는 연간 공급대가 예상금액이 4,800만 원 미만인 개인사업자에 해당된다.(다만, 아래 사업자는 연간 공급대가 예상금액이 4,800만원 미만이라도 간이과세를 적용받을 수 없다.)

- 광업, 제조업(과자점, 떡방앗간, 양복·양장·양화점은 가능)

- 도매업(소매업 겸업시 도·소매업 전체), 부동산매매업
- 시 이상 지역의 과세유흥장소
- 전문직사업자(변호사, 신판변론인, 변리사, 법무사, 공인회계사, 세무사, 경영지도사, 기술지도사, 감정평가사, 손해사정인, 통관업, 기술사, 건축사, 도선사, 측량사업, 공인노무사업, 약사업, 한약사업, 수의사업 등)
- 국세청장이 정한 간이과세 배제기준에 해당되는 사업자
- 현재 일반과세자로 사업을 하고 있는 자가 새로이 사업자등록을 낸 경우 (다만, 개인택시, 용달, 이·미용업은 간이과세 적용 가능)
- 일반과세자로부터 포괄양수 받은 사업

③ 법인사업자

다수의 사람이 자본을 출자하여 설립한 사업자를 말하며, 법인사업자 등록은 법인설립등기 약 3~5일에서 사업자등록증 교부 약 7일까지 15~20일 정도가 소요된다. 자본의 납입이 완료된 후 2주일 이내에 관할 사업등기소에 설립등기를 해야 한다.

④ 사업자 단위과세 제도

동일한 사업자에게 2이상의 사업장이 있는 경우로서 해당 사업자의 본점 등을 관할하는 세무서장에게 사업자단위과세자로 등록한 사업자는 그 사업자의 본점 등에서 총괄하여 신고·납부가 가능하다.

본점 또는 주사무소를 포함하여 2이상의 사업장을 신규로 개설하면서 사업자단위과세를 적용받고자 하는 경우 사업개시일로부터 20일 이내에 본점 또는 주사무소 관할 세무서장에게 등록한다.

기존사업자가 사업자단위과세를 적용받으려는 경우 과세기간 개시 20일전까지 등록한다.

3) 사업자등록 신청시 제출서류

분 류	제출서류	비 고
개인	1. 사업자등록신청서 2. 임대차계약서 사본(사업장을 임대한 경우) 3. 인허가 등 사업을 영위하는 경우 허가 등록·신고증 사본 – 허가(등록, 신고) 전에 등록하는 경우 허가(등록)신청서 등 사본 또는 사업계획서 4. 동업계약서(공동사업자인 경우) 5. 자금출처 명세서((금지금 도·소매업, 액체·기체연료 도·소매업, 재사용 재료 수집 및 판매업, 과세유흥장소 영위자) ※ 재외국민·외국인 등의 경우(1~5는 공통) – 재외국민등록부등본, 외국인등록증(또는 여권) 사본 – 사업장내에 통상적 주재 않거나 6월 이상 국외체류시 : 납세관리인 설정 신고서	
영리법인 (본점)	1. 법인설립신고 및 사업자등록신청서 2. 법인명의 임대차계약서 사본(사업장을 임대한 경우) 3. 주주 및 출자자명세서 4. 사업허가 등록·신고필증 사본(해당법인) – 허가(등록, 신고) 전에 등록하는 경우 허가(등록)신청서 5. 현물출자명세서(현물출자법인인 경우) 6. 자금출처 명세서(금지금 도·소매업, 액체·기체연료 도·소매업, 재사용 재료 수집 및 판매업, 과세유흥장소 영위자) 7. 사업자 단위과세 적용 신고자의 종된 사업장 명세서 (사업자단위과세 적용을 신청한 경우)	
비영리 내국법인 (본점)	1. 법인설립신고 및 사업자등록신청서 2. 법인명의 임대차계약서 사본(사업장을 임대한 경우) 3. 사업허가 등록·신고필증 사본(해당법인) – 허가(등록, 신고) 전에 등록하는 경우 허가(등록)신청서 4. 주무관청의 설립허가증 사본	
내국법인 국내지점	1. 법인설립신고 및 사업자등록신청서 2. 등기부에 등재 되지 않은 지점법인은 지점설치 사실을 확인 할 수 있는 이사회의사록 사본(직매장 설치 등 경미한 사안으로 이사회 소집이 어려운 경우 대표이사 승인을 얻은 서류 사본) 3. 법인명의의 임대차계약서 사본(사업장을 임차한 경우)	

분 류	제출서류	비 고
	4. 사업허가 등록·신고필증 사본(해당법인) – 허가(등록, 신고) 전에 등록하는 경우 허가(등록) 신청서 등 사본 또는 사업계획서 5. 자금출처 명세서(금지금 도·소매업, 액체·기체연료 도·소매업, 재사용 재료 수집 및 판매업, 과세유흥장소 영위자)	
외국법인 국내사업장	1. 법인설립신고 및 사업자등록신청서 2. 외국기업 국내지사 설치신고서 사본 (외국환거래규정 별지 제9–8호 서식) 3. 국내사업장을 가지게 된 날의 대차대조표 4. 본점 등기에 관한 서류 5. 국내사업장의 사업영위내용을 입증할 수 있는 서류 6. 정관 7. 허가(등록, 신고)증 사본(해당법인) – 허가(등록, 신고) 전에 등록하는 경우 허가(등록)신청서 등 사본 또는 사업계획서 8. 법인명의의 임대차계약서 사본(사업장을 임차한 경우) 9. 자금출처 명세서(금지금 도·소매업, 액체·기체연료 도·소매업, 재생용 재료 수집 및 판매업, 과세유흥장소 영위자)	
종교단체	1. 사업자등록신청서 2. 임대차계약서 사본(사업장을 임차한 경우) 3. 법인설립허가증(소속단체는 소속확인서) – 대표자가 소속확인서 내용과 상이한 경우 대표자 선임근거 서류 추가) 4. 정관, 협약 등 조직과 운영 등에 관한 규정 또는 단체의 성격을 알 수 있는 서류 5. 대표자 선임을 확인할 수 있는 서류 6. 단체직인	
종교단체 이외의 비사업자 (개인으로 보는 단체)	1. 사업자등록신청서 2. 임대차계약서 사본(사업장을 임차한 경우) 3. 정관, 협약 등 조직과 운영 등에 관한 규정 또는 단체의 성격을 알 수 있는 서류 4. 대표자 선임을 확인할 수 있는 서류	

분 류	제출서류	비 고
	5. 단체직인	
동업기업 과세특례 신청	1. 동업기업 과세특례 적용 신청서 2. 동업기업 과세특례 포기 신청서	
법인으로 보는 단체	※ 승인신청(요건: 조직운영규정 대표자 선임, 수익재산독립, 수익미분배) 1. 법인으로 보는 단체의 승인신청서 2. 법인으로 보는 단체의 대표자 등의 선임신청서 3. 대표자 또는 관리인 임을 확인할 수 있는 서류 4. 정관 또는 조직과 운영에 관한 사항 5. 단체직인 6. 임대차계약서 사본(장소를 임차한 경우) 7. 「상가건물 임대차보호법」 적용을 받는 상가건물의 일부를 임차한 경우에는 해당부분의 도면 ※ 변경신청시 처리 1. 수익사업영위 경우 : 비영리법인의 수익사업 개시신고서 제출 받아 사업자등록증 교부(단, 새롭게 사업장을 설치하고 수익사업 개시신고를 하는 경우에는 사업자등록신청서 별도 제출) 2. 거주자로 변경신청 경우 : 기간경과 여부에 따라 승인 또는 불승인 3. 세원(법인)의 승인이 있어야 하므로 접수한 후 세원(법인)으로 서류인계	

표3. 사업자등록증

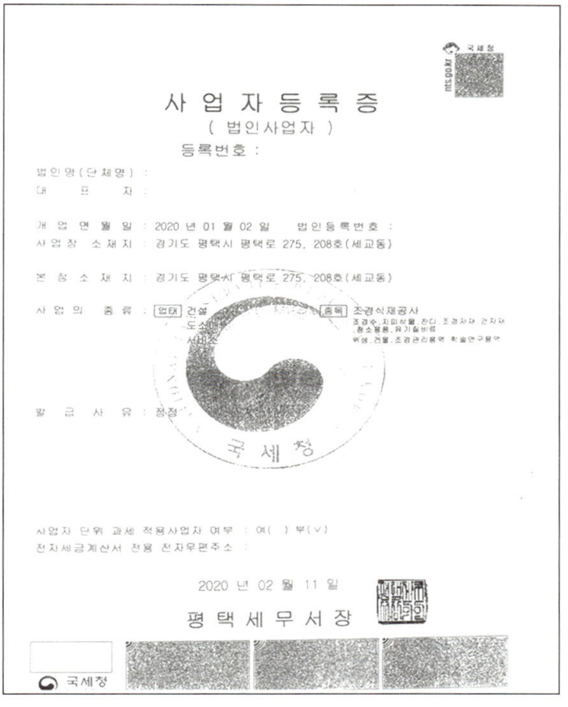

사 업 자 등 록 증

(법인사업자)

등록번호 :

법인명(단체명) :

대 표 자 :

개 업 연 월 일 : 2020 년 01 월 02 일 법인등록번호 :

사업장 소재지 : 경기도 평택시 평택로 275, 208호(세교동)

본 점 소 재 지 : 경기도 평택시 평택로 275, 208호(세교동)

사 업 의 종 류 : 업태 건설 / 도소매 / 서비스 종목 조경식재공사 / 조경수, 지피식물, 잔디, 조경자재, 건자재, 청소용품, 유기질비료 / 부설, 건물, 조경관리용역 학술연구용역

발 급 사 유 : 정정

사업자 단위 과세 적용사업자 여부 : 여( ) 부(V)

전자세금계산서 전용 전자우편주소 :

2020 년 02 월 11 일

평 택 세 무 서 장

국세청

4) 사업자등록 정정

사업자가 다음에 해당하는 경우에는 지체 없이 「사업자등록 정정신고서」에 사업자등록증과 이를 증명하는 서류를 첨부하여 사업장 관할 세무서 또는 가까운 세무서 민원봉사실에 제출하여야 한다.

① 사업자등록 정정신청 사유

- 상호변경
- 법인의 대표자 변경

- 고유번호를 받은 단체의 대표자 변경
- 상속에 의한 사업자 명의 변경
- 임대차계약 내용에 변경이 있거나 새로이 상가건물을 임차한 경우
- 업종변경
- 사업장 이전
- 공동사업자의 구성원 또는 출자 지분 변동
- 사업자단위 과세단위자가 사업자단위 과세 적용사업장을 이전 또는 변경

5) 휴·폐업 신고(부가가치세법 제8조 및 동법 시행령 제13조)

사업자등록을 한 사업자가 휴업 또는 폐업하거나 사업개시일 전에 등록한 자가 사실상 개시하지 아니하게 되는 때에는 지체 없이 「휴(폐업)신고서」에 사업자등록증을 첨부하여 사업자 관할세무서 또는 가까운 세무서 민원봉사실에 제출하여야 한다. 다만, 사업자가 부가가치 확정 신고서에 폐업사유를 기재하고 사업자등록증을 첨부하여 제출한 경우에는 폐업신고서를 제출한 것으로 본다.

법령에 의해 허가·등록 또는 신고를 하는 사업을 하는 사업자가 폐업신고를 할 경우에는 시·군·구 등의 관할관청에 폐업신고를 한 사실을 확인할 수 있는 서류를 첨부하여야 한다.

홈택스 가입 사업자의 경우 공인인증서로 로그인하여 인터넷 또는 모바일 홈택스에서 휴·폐업신고 및 휴업 중 재개업 신고가 가능하다.

3. 재무

1) 개념

20세기 초까지 재무관리는 경제학의 한 분야로 인식되거나 독립적인 학문영역을 형성하지 못한 것으로 보인다. 초기의 재무관리는 특정한 학문적 계파를 형성하고 있지 못했으며 경영학 분야의 인식론적 틀 중 하나로 여겨졌다. 1920년대 미국이 급속한 산업화를 겪고 기업규모가 증가함에 따라 기업의 자금을 관리하고 조달하는 것이 중요한 과제가 되면서 자금 조달과 관리 측면의 재무관리가 이뤄졌다. 1930년대 대공항으로 많은 기업들이 파산하자 기업의 확장보다는 기업의 존립에 초점을 둔 재무관리로 그 방식이 변화했다. 하지만 재무관리에 대한 연구에 있어서는 사회적 관점에 따른 서술 방식이란 접근방법에서 크게 벗어나지 않았고 이런 경향은 1950년대까지 크게 바뀌지 않았다. 투자규모의 합리성이나 배분문제에 대한 관심이 부족했고 적용하는 것이 제한적이었다. 2차 세계대전 종전 이후 미국의 기업들은 대량생산체계에 들어가면서 대형화되었다. 이런 상황에서 기업들은 기업 관리를 중요시하게 되었다. 당시 수리계량화된 경제학의 영향을 받으면서 재무관리도 수리계량의 형태를 취하게 되었다. 단순한 지식의 집합 같은 기존의 사례 연구, 서술적 접근보다는 분석적이고 계량적인 방법으로 연구의 방향이 변화하였다. 기업의 투자에 관한 의사결정이론이 등장하였고, 1952년 이에 관련하여 해리 마코위츠의 포트폴리오 이론이 등장하면서 재무관리는 논리체계를 띄게 되었고, 이는 현대 재무관리학에 큰 영향을 준 것으로 평가된다. 재무관리의 목적은 이윤극대화, 시장점유율 극대화, 기업가치 극대화로 크게 대별되는데, 이윤극대화는 기업이 영리를 목적으로 조직된 집단이라는 점에서 오랫동안 주장되어 왔다. 하지만 에드워드 솔로몬은 이윤의 의미가 정확히 정의되지 않았다는 점에서 이윤극대화가 기업 목표의 전부라고 보는 것은 적절하지 않다고 보았다. 개인은 시장점유율이 높은 기업에 소속되길 바라며, 여기서 얻는 존경, 힘, 승리, 정복감 등 심리적, 사회적 효용을 얻기 위해 노동을 하기 때문에 노동을 비효용으로 보는 것은 적절하지 않다고 보는 견해이다. 따라서 이윤의 극대화는 보다 큰 조직, 시장점유율의 확대를 위한 수단이므로 그 자체로 목적이 될 수 없다는 것이다. 현대기업이론에서는 이윤을 최대화하려는 기업의 목표는 사업상의 딜레마를 극복하고 기업의 가치를 극대화하는 것으로 본다. 이는 주식의 시장 가치를 극대화하고 주주들의 부를 극대화하는 것과도 목적을 함께한다고 보는 견해이다. 재무관리는 조직의 자금을 조달하고 자금의 운용을 관리하는 행위를 뜻한다.

2) 재무제표

재무제표는 재무회계의 과정을 통해 수집, 처리된 정보를 정기적으로 이용자에게 전달하는 방법으로서 재무보고의 가장 핵심적인 보고수단으로 활용되고 있으며, 기업의 경영에 따른 재무상태를 파악하기 위해 회계원칙에 따라 간단하게 표시한 재무 보고서를 뜻한다. 재무제표는 기업 내 재무 상태를 정확하게 보고하여 기업의 재무 현황을 보고하기 위해 작성된다. 재무제표의 종류에는 재무상태표와 손익계산서, 자본변동표, 현금흐름표로 구분되며 필요한 재무 정보에 따라 사용되는 문서가 다르다고 볼 수 있다. 재무상태표는 일정 회계시점부터 자산, 자본, 부채에 따른 재무상태를 나타내고 확인하는 문서이며, 손익계산서는 일정 회계기간 동안 발생한 수익과 비용을 대조하기 위해 작성하는 문서를 말한다. 현금흐름표는 일정 기간 기업이 경영활동에 따라 발생하는 현금의 흐름을 파악하기 위해 나타내는 표를 말한다. 자본변동표란 자본의 규모와 변동 상황을 제공하는 재무제표로 보통 주식 투자를 위해 주주들에게 제공되는 재무제표 서식이다. 재무제표는 기업의 경영상태를 나타내주는 것으로 반드시 작성되어야 하며, 감사를 통해 기업의 재무상태를 분석하고 보고하는 경우도 있다.

상법에서는 재무상태표, 손익계산서 및 이익잉여금처분계산서 또는 결손금처리계산서를 재무제표로 하고 있으며, 기업회계기준에서는 재무상태표, 손익계산서, 현금흐름표, 주기 및 주석을 재무제표로 정하고 있다.

3) 재무상태표

재무상태표는 일정한 시점의 재무상태를 나타내는 회계보고서로서 기업이 그 시점까지 자금을 어디서 얼마나 조달하여 어떻게 투자하였는가를 보여준다. 재무상태표를 통해 일정 시점에 기업이 갚아야 할 부채는 얼마이며, 브채상환을 위하여 현금으로 조달할 수 있는 자산은 충분한지, 회사를 설립하기 위하여 주주들은 얼마를 투자하였으며, 투자 후 얼마의 이익을 냈는지 등의 정보를 알 수 있다. 재무상태표는 기업의 재무상태를 보여주는 기본적인 회계자료로 상법에서는 기업에 대하여 의무적으로 작성하도록 하고 있다.

① 재무상태표 기능

재무상태표는 일정 시점에 기업이 보유하고 있는 경제적 자원인 자산과 경제적 의무인 부채, 그리고 자본에 대한 정보를 제공하는 재무보고서로서, 정보이용자들이 기업의 유동성, 재무적 탄력성, 수익성과 위험 등을 평가하는데 유용한 정보를 제공한다.

- ■ 기업의 총자산 규모가 얼마나 되는가?
- ■ 기업의 안전성은 어떠한가?
- ■ 기업의 재무구조가 양호한 편인가
- ■ 적절한 유동성을 확보하고 있는가?

② 재무구조 평가

- ■ 부채비율 = 부채(타인자본)/자본(자기자본) × 1C0
- ■ 유동비율 = 유동자산/유동부채 × 100
- ■ 자기자본 이익률 = 당기순이익/자기자본
- ■ 총자산 이익률 = 당기순이익/총자산

③ 재무상태표의 구성

㉠ 자산

자산이란 우리가 일상적으로 쓰는 재산과 비슷한 개념이다. 즉, 재산이 어떤 사람이 보유하고 있는 현금·예금·증권·자동차·토지 등과 같은 각종 유·무형의 법적 권리와 물건을 의미한다면, 기업의 자산이란 해당 기업이 소유하고 있는 각종 유·무형의 법적 권리와 물건이라고 할 수 있다. 기업의 자산은 재무변동표를 작성하는 시점을 기준으로 1년 이내에 현금화가 가능한지 여부에 따라 유동자산과 비유동자산으로 구분된다.

■ 유동자산

- 1년 이내에 현금화가 가능한 자산으로 현금·유가증권·매출채권과 같은 당좌자산과 판매·제조를 위한 재고자산 등을 말한다.

■ 비유동자산

- 1년 이후에 현금화가 가능한 자산으로 장기투자자산·토지·건물과 같은 유동자산으로 기업이 소유하고 있는 무형자산 등을 말한다.
- 투자자산이란 기업의 투자에 의해 생기는 자산으로 즉, 투자의 목적으로 보유하는 자산으로 투자유가증권 및 시설투자에 의해 생긴 건물, 기계, 토지, 정기예금, 금전신탁 등을 의미한다.
- 유형자산이란 영업활동을 하기 위해 소유하고 있는 유형의 자산, 토지, 건물, 선박 등을 말한다.
- 무형자산이란 법률상의 특허권이나 영업권 같은 형태가 없는 무형의 자산, 지상권, 상표권, 상호권 등을 말한다.

㉡ 부채

기업이 필요한 자금을 조달하는 방법은 타인에게서 자금을 빌리는 방법과 주주들로부터 투자를 받아 조달하는 방법이 있다. 이 중 타인으로부터 빌려서 조달한 자금을 부채라 한다. 즉, 부채란 기업이 현재 또는 미래에 기업의 자산을 통하여 타인에게 지급해야 하는 채무를 말한다. 부채 역시 결산일로부터 1년 이내에 상환해야 하는 가의 여부에 따라 유동부채와 고정부채로 구분된다.

- 유동부채는 1년 이내에 상환해야 하는 외상매입금·단기차입금·만기가 1년 미만으로 남은 장기부채 등이다.
- 고정부채는 1년 이후에 상환하는 장기차입금 등의 부채를 말한다.

㉢ 자본

기업이 필요한 자금을 조달하는 방법 가운데 주주가 회사에 투자함으로써 조달된 자금을 자본이라고 한다. 그리고 과거 기업의 활동에 따라 벌어들인 이익 중 배당 등으로 사회에 유출되지 않고 내부에 축적된 잉여금도 자본에 포함된다. 기업이 소유하고 있는 총 자산에서 총 부채를 제외하면 자본이 되기 때문에 자본은 순자산 또는 자기자본이라고도 한다. 경영분석에서 자주 사용되는 총자본은 부채와 자본을 합한 금액, 즉 총자산을 말한다. 기업의 부채비율은 부채를 자기자본에 대비하여 계산한 비율이다.

- 자본금

  소유주나 주주들이 기업에 투자한 원금

- 자본잉여금

  자본거래에 의해 발생한 잉여금으로 주식발행초과금·합병차익·감자차익·기타 자본잉여금 등이 있다.

- 이익잉여금

  영업활동에 의해 발생한 이익 중 배당하지 않고 내부에 유보한 잉여금으로 이익준비금·기타 법정 적립금·임의적립금·차기이월 이익잉여금 등이 있다.

- 자본조정

  자본에 대한 가감하옥으로 주식할인발행차금·배당건설이자·자기주식·투자증권평가이익·해외사업환산차 등이 있다.

4) 손익계산서

손익계산서는 일정기간 동안 기업의 경영성과를 한눈에 나타내기 위한 재무제표이다. 기업이 어떤 활동을 통하여 발생된 이익과 그 이익을 발생하게 한 수익과 비용을 알기 쉽게 기록한 재무제표를 말한다.

① 손익계산서는 회사의 경영성과를 나타낸다.

- 매출총이익이란 판매한 상품이나 제품의 대금(매출)에서 원가(매출원가)를 차감한 값이다.
- 영업이익이란 매출총이익에서 판매비와 일반관리비를 차감한 값[매출액-(매출원가+판매비 및 일반관리비)]이다. 이 영업이익은 회사가 본업으로 취득한 이익이다.
- 경상이익이란 영업이익에서 재무활동에서 발생한 영업외수익(이자수익과 배당금수익)과 영엉외비용(지급이자)을 가감한 값이다. 이 경상이익은 수익과 비용의 범위를 영업활동과 재무활동까지 넓힌 경우의 이익이다.
- 당기순이익이란 경상이익에 임시적 또는 우발적 원인으로 생긴 이익과 손실을 가미한 값(모든 수익과 비용의 차액)이 "법인세 비용 차감 전 순이익"이다. 거기에 법인세비용을 뺀 값이 "당기순이익"으로 1년간의 최종적인 업적을 나타낸다.

5) 자본변동표

기업의 경영에 따른 자본금이 변동되는 흐름을 파악하기 위해 일정 회계기간 동안 변동 내역을 기록한 표 서식을 말한다. 자본은 기업의 자산과 부채를 제외한 순 자산을 뜻하며, 자본을 구성하는 요소에는 납입자본(자본금, 자본잉여금), 이익잉여금, 기타포괄손익누계액, 기타 자본구성요소 등이 있다. 자본변동표는 자본의 변동 상황을 확인할 수 있는 재무제표라고 볼 수 있다. 기업의 자본 현황을 한눈에 파악할 수 있으며 변동 흐름 예측이 가능하므로 기업 관계자들에게 정보를 제공할 때 활용되는 유용한 문서이다. 자본변동표를 작성하게 되면 확실하지 않는 수익이나 비용의 발생에 대해 분명하게 파악이 가능하다. 자본변동표는 일반적인 재무제표와 달리 회계기간을 구분하여 전기와 당기로 구분되며 자본변동이 발생하는 원인을 통해 기업의 재무상태를 판단하여 변화를 파악할 수 있도록 한다.

6) 현금흐름표

현금흐름표는 기업회계에 대하여 보고할 때 사용하게 된다. 즉, 현금흐름표는 일정기간 기업의 현금 변동 사항에 대해 확인할 수 있다. 기업은 물론 일반 가정 또는 개인이 현금 흐름을 파악할 수 있다.

① 현금흐름표의 구조

㉠ 영업현금흐름

영업순환과정에서 증가한 현금을 "영업현금흐름"이라고 한다. 이는 당기이익(매출－비용)에 감가상각비 등 비현금성 비용을 더하고 운전자본(재고+외상매출금－외상매입금)의 증가액을 뺀 값이다. 여기서 이익에 감가상각비 등을 더하는 이유는 감가상각비 등이 현금 지출을 동반하지 않는 비용이기 때문이다. 영업현금흐름은 본업에서의 현금 증감을 나타내며, 경영이 건전한 회사라면 이 영업현금흐름은 플러스가 되어야 한다. 만약, 영업현금흐름이 적자가 몇 년간이나 지속되고 개선의 조짐이 보이지 않는다면 회사는 중대한 위기를 맞게 된다.

㉡ 투자현금흐름

고정자산의 구입이나 매각에 관계되는 현금의 수입과 지출을 "투자현금흐름"이라고 한다. 구체적으로 기계설비, 건물, 토지, 자회사 주식의 취득과 매각, 투자목적으로 보유하는 주식의 매각, 자회사 등에 실시하는 자금의 대출이나 상환 등을 말한다. 건전한 회사는 적극적으로 투자활동을 하기 때문에 이 값은 마이너스가 된다. 투자를 절제하면 영업현금흐름은 감소하게 된다. 회사를 존속시키려면 적어도 현상을 유지할 만한 투자 지출이 필요하다. 영업현금흐름에서 투자현금흐름을 차감한 값을 "잉여현금흐름"이라고 하다. 현금주의 경영에서 잉여현금흐름은 원칙적으로 흑자여야 하는데 이는 경영자는 영업현금흐름을 최대로 해 그 범위 내에서 유효한 투자를 해야 한다는 의미이다.

㉢ 재무현금흐름

은행 차입, 사채 발행, 주식 발생(증자), 배당금 지급 등 비즈니스의 기반을 지탱하기 위한 현금수지를 "재무현금흐름"이라고 한다. 투자는 영업현금흐름의 범위 내로 한정해야 하나 거액의 설비투자를 하거나 자회사를 매수할 경우에는 은행 차입이나 증자로 부족분을 조달하게 된다.

7) 주주가치

주주가치를 측정하는 방법으로 첫째, 주식시가총액법(주가에 발행주식수를 곱한 것을 근거로 기업 가치를 평가하는 방법과 둘째, 할인현금흐름법이 있다. 주식시가총액법은 시장에서 결정되는 주가로 주주가치를 평가하는 방법으로 간단하고도 합리적인 측정방법이다. 하지만 이 방법이 합리성을 지니려면 주식시장이 이상적·효율적으로 움직이고 있다는 전제조건이 필요하다. 현실적으로 주가는 업적 외에도 여러 가지 상황에 따라 영향을 받기 때문에 주가가 주주가치를 나타낸다고 말하기에는 무리가 있다. 할인현금흐름법은 장래 예측되는 현금흐름을 현재가치로 바꿔 금액으로 나타낸 것을 기업가치로 생각하는 방법이다. 이 기업가치에서 부채를 차감한 차액이 주주가치이다. 현재는 이 할인현금흐름법이 가장 이치에 맞는 주주가치 측정법이라고 할 수 있다.

8) 분식회계 수법

① 비용의 이월에 따른 분식회계

건설회사에서 자주 보이는 분식회계 수법이다. 완료한 프로젝트가 적자가 될 것이 자명한 단계에서 그 비용을 다른 진행 중인 프로젝트에 이월시키는 방법이다. 완성된 프로젝트 비용이므로 당기비용으로 인식하는 것이 올바른 회계처리지만, 이 비용을 다른 프로젝트에 몰래 잠입시켜 놓으면 그 비용은 차기 이후로 이월된다. 이렇게 하면 비용은 자산이 되고 이익이 부풀려진다. 이러한 수법의 분식회계는 프로젝크마다 수주에서 완성까지의 자료를 추적해 가면 알 수 있다.

② 연결에서 제외하는 수법

연결결산에서는 연결회사간의 거래를 없었던 것으로 간주한다. 고회사에서 자회사에 아무리 많은 매출을 올려도 그 매출은 손익계산서에 계상되지 않는다. 만약 자회사를 연결대상에서 제외하면, 그 회사에 대한 매출은 계상된다. 또 적자인 연결대상 회사를 연결대상에서 제외하면 그룹의 업적을 좋게 보이도록 할 수 있다.

9) 장부기장

장부기장이란 부기와 유사한 의미로 사업과 관련된 거래내용을 기록한 것으로 사업과 관련된 거래내용을 기록한 장부는 간편장부와 복식부기장부로 구분된다. 간편장부는 매일의 입·출금내역을 단순하게 기록한 장부를 의미하고 복식부기장부란 복식부기에 의해 회계상의 거래를 원인과 결과로 나누어 기록한 장부를 말한다. 간편장부를 작성해야 하는 사업자를 간편장부대상자라 하고, 복식부기장부를 작성해야 하는 사업자를 복식부기의무자라고 한다. 사업자들은 장부기장이 복잡하다고 생각되면 전문가인 세무사사무소에 위탁하여 관리하는 방법도 생각해 볼 수 있다.

10) 각종 관련 영수증 처리

사업자들은 사업과 관련된 회계 상의 거래, 즉 수입과 지출에 대해 빠짐없이 장부를 기록(기장)하고 기록된 장부에 의해 소득세(법인세)를 계산하여 신고·납부해야 한다. 이때 가장 중요한 것이 지출에 대한 적정한 증빙을 수령하는 것인데, 실무상 이것을 "

적격증빙을 수령 한다"라고 한다. 대부분의 사업자들은 이러한 증빙관리가 잘 안 되고 있어 사업으로 번 돈을 대부분 세금으로 납부하는 상황이 발생하고 있다. 지출에 대한 증빙을 잘 갖추기는 합법적인 절세의 첫걸음이 될 수 있다는 것을 반드시 명심하자.

① 적격증빙서류

사업소득이 있는 자는 사업과 관련하여 사업자(법인 포함)로부터 재화 또는 용역을 공급받고 그 대가를 지출하는 경우로써 3만 원 초과(접대비는 1만 원 초과) 금액에 대해서는 다음과 같이 세금계산서, 계산서, 신용카드매출전표, 현금영수증, 기명식선불카드 등의 증빙서류를 받아야 한다. 사업자가 사업소득금액, 기타소득금액의 필요경비를 계산할 때에는 그 비용의 지출에 대한 증빙서류를 받고 이를 확정신고기간 종료일로부터 5년간 보관해야 한다.

② 영수증

영수증은 공급받는 자의 등록번호와 부가가치세액을 별도로 기재하지 않는 증빙서류로서 흔히 간이영수증이라 부른다. 이러한 영수증은 세법상 적격증빙에 해당되지 않는다. 따라서 영수증 수취분에 대해서는 비용으로 계상할 수는 있지만 적격증빙을 수취하지 못한 것에 대한 증빙불비가산세를 부담해야 한다. 다만, 거래 건당 금액이 3만 원(접대비는 1만 원) 이하인 경우에는 적격증빙을 수취할 의무가 없으므로 영수증을 수취한 경우에도 가산세 부담 없이 비용인정을 받을 수 있다.

③ 세금계산서

세금계산서는 거래징수의무자인 사업자가 재화 또는 용역을 공급하는 때에 그에 대한 부가가치세를 거래상대방으로부터 징수하고 그 사실을 증명하기 위해 교부하는 것을 말한다. 세금계산서는 일반적인 세금계산서와 수입세금계산서가 있는데, 수입세금계산서는 세관장이 수입자로부터 부가가치세를 징수하기 위해 발행하는 것을 말한다.

세금계산서는 공급받는 재화와 용역에 대한 구체적인 내용이 기재되어 있어 별도의 청구서 없이 세금계산서만으로 그 대가를 청구할 수 있으며, 세법상 적격증빙으로서 가장 기초자료가 된다.

㉠ 세금계산서 수취시 유의사항

첫째, 공급시기에 세금계산서를 교부받아야 한다.

세법상 공급시기 이후에 세금계산서를 교부받은 경우 그 교부받은 시기가 공급시기가 속하는 과세기간 이내라면 부가가치세법상 매입세액공제는 허용되지만 지연수취에 따른 가산세를 부담할 수 있으며, 공급시기가 속하는 과세기간이후라면 부가가치세법상 매입세액공제를 받을 수 없는 불이익을 당하게 된다. 이 경우 매입세액을 공제받지 못하므로 가산세는 없다.

둘째, 세금계산서의 필요적 기재사항이 정확히 기재되었는지 확인해야 한다. 필요적 기재사항이 부실하게 기재되었을 경우에는 부가가치세법상 매입세액공제를 받을 수 없다. 단, 교부받은 세금계산서의 필요적 기재사항 중 일부가 착오로 기재되었으니 해당 세금계산서의 그 밖의 필요적 기재사항 또는 임의적 기재사항으로 보아 거래 사실이 확인되는 경우에는 매입세액공제를 받을 수 있다. 필요적 기재사항은 첫째, 공급하는 사업자의 사업자등록번호와 성명 또는 명칭, 둘째, 공급받는 자의 등록번호, 셋째, 공급가액과 부가가치세액, 넷째, 작성연월일을 말한다.

셋째, 실제 사업자와 세금계산서상의 명의사업자가 동일해야 한다. 실제 사업자와 세금계산서상의 명의사업자가 다르다면 사실과 다른 세금계산서로 인식되어 부가가치세 매입세액공제를 받을 수 없을 뿐만 아니라 공급가액의 2%에 해당하는 가산세를 내야 한다.

넷째, 반드시 실물거래와 함께 세금계산서를 교부받아야 한다. 실물거래 없이 가공세금계산서만 수취한 경우에는 부가가치세 매입세액을 공제받을 수 없음은 물론 소득금액 계산시 필요경비로도 인정받을 수 없다.

표4. 국세청 홈택스 홈페이지

표5. 국세청 홈택스 세금계산서 발행

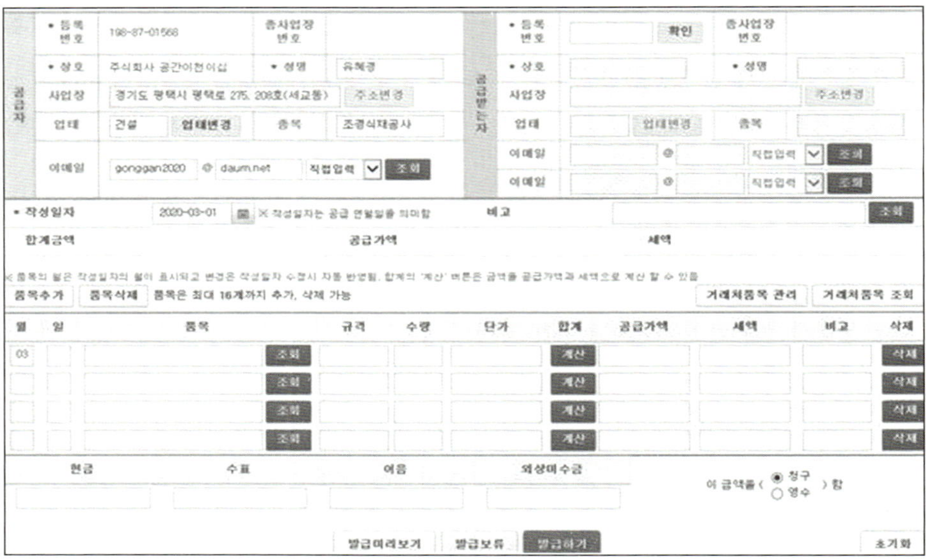

㉡ 세금계산서 형태

세금계산서는 공급자 보관용과 공급받는자 보관용으로 나누어지며 왼쪽은 공급자, 오른쪽은 공급받는 자의 필요적 기재사항을 작성하면 된다. 필요적 기재사항은 사업자 등록번호, 상호, 성명, 사업장주소, 업태, 연월일, 공급가액, 세액 등이며 국세청 홈택스에 신고된 이메일주소를 기재하면 된다.

11) 세무조정계산서 확인

한 해를 결산하는 법인세신고가 끝나면 세무사로부터 세두조정계산서 척자를 받아보게 되는데 내용을 반드시 확인해야 한다.

① 기본검토사항 확인

법인구분(내국법인, 외국법인, 외국투자법인), 법인종류(일반기업, 중소기업) 등이 제대로 구분표기가 되어 있는지 확인하여야 한다. 법인종류에 따라 납세범위 및 세액감면 가능여부가 달라지기 때문이다.

② 주식 등 변동상황명세서 확인

금융기관에서 종종 제출을 요구받는 서식이다. 당해 연도에 유상증자 또는 감자 및 주식양수도의 사유로 주주가 변동한 경우 필수적으로 제출해야 한다. 미제출시 주식변동(액면가액)의 1%의 가산세가 부과된다.

③ 결손금 공제여부 확인

자본금과 적립금조정명세서를 확인해야 한다. 올해 결손금이 발생한 중소기업이라면 이전기수(년도)로 소급해 공제가 가능하다. 이전에 발생한 이월결손금이 있다면 이익이 발생한 연도에 공제함으로써 법인세를 줄일 수 있다.

④ 중소기업 해당여부 확인

중소기업에 대하여는 세법에서 많은 세제상 혜택을 부여하고 있기 때문에 세액감면과 공제는 잘 따져봐야 한다. 중소기업 해당 여부는 수입금액(매출액) 및 업종별로 잘 판단해야 한다. 단순하게 우리 회사는 중소기업이 맞겠지 라고만 생각하다가 수입금액이 일정금액을 넘어서서 소기업에 해당하지 않아 중소기업특별세액감면을 적용했다가 부인당하고 본세 및 가산세를 내는 사례가 적지 않다.

⑤ 기납부세액의 적정 공제 여부 확인

법인세 중간예납 납부세액은 기납부세액이므로 공제세액으로 반영됐는지 체크해 봐야 한다. 또한 법인 명의로 이자나 배당소득을 받은 경우 원천징수후의 금액을 법인통장으로 받는다. 원천징수당한 세액은 원천납부세액이므로 원천납부세액명세서 금액과 일치여부를 확인하고 공제세액에 반영돼 있는지 확인해야 한다.

4. 노무

1) 근로기준법

근로기준법은 헌법(32조)에 따라서 근로조건의 기준을 정함으로써 근로자의 기본적 생활을 보장·향상시키며 균형 있는 국민경제의 발전을 도모하기 위해 제정한 법이라 한다.

2) 근로자

근로자란「직업의 종류와 관계없이 임금을 목적으로 사업이나 사업장에 근로를 제공하는 자」로서 그 명칭에 상관없이 임금을 목적으로 근로를 제공하는 자는 모두 포함되는 포괄적 개념으로 근로기준법상 근로자로 인정되면 근로기준법의 적용대상이 된다.

3) 사용자

사용자는 근로관계에서 근로자의 여러 이익에 지배력 내지 영향력을 행사하는 모든 사람을 말한다. 사용자는 결국 근로자의 근로를 제공받기 위해 근로자를 지휘·감독하고 그 대가로 임금을 지급하는 근로계약의 당사자인 사업주 또는 경영담당자가 기본이 된다.

4) 채용 및 근로계약

① 채용시 유의사항

■ 연령 및 성별에 따른 차별금지

- 합리적인 이유 없이 연령·성별에 따른 차별을 하는 것은 관련법에 따라 채용이전 단계부터 금지된다. 다만, 직무의 성격에 비추어 특정 연령기준이나 성이 불가피하게 요구되는 경우는 차별금지 위반으로 보지 아니한다.
- 사업주는 여성 근로자를 모집·채용할 때 그 직무의 수행에 필요하지 아니한 용모·키·체중 등의 신체적 조건, 미혼 조건 등의 조건을 제시하거나 요구하여서는 아니 된다.

■ 거짓 구인광고 금지

- 구인자는 정당한 사유 없이 채용광고의 내용을 구직자에게 불리하게 변경하거나 채용한 후에 채용광고에서 제시한 근로조건을 불리하게 변경하여서는 아니 된다.
- 신문, 잡지, 그 밖의 간행물, 유선·무선방송, 컴퓨터통신, 간판, 벽보 또는 그 밖의 방법에 의하여 광고를 하는 경우 구인자가 제시한 직종·고용형태·근로조건 등이 응모할 때의 그것과 현저히 다르지 않도록 유의해야 한다.

■ 불필요한 개인정보 수집금지

- 모집·채용단계애서는 이력서와 자기소개서 등 기본적인 자료만 제출 받고 불필

요한 개인정보수집은 피하고 채용합격자에 한해 필요한 개인정보를 수집하는 것이 바람직하다.

② 근로계약

■ 근로조건의 명시 및 교부

- 사용자는 근로계약을 체결할 때에 근로자에게 임금, 소정근로시간, 주(週)휴일, 연차 유급휴가, 취업의 장소와 종사하여야 할 업무에 관한 사항 등을 명시하여야 하며, 특히, 임금의 구성항목·계산방법·지급방법, 소정근로시간, 주(週)휴일, 연차 유급휴가가 명시된 서면을 근로자에게 교부하여야 한다.
- 사용자는 근로자명부와 근로계약서 등 근로계약에 관한 중요한 서류를 3년간 보존의무가 있다.

■ 근로계약 기간

- 정규직과 계약직의 차이

  기간의 정함이 없는 근로자의 경우 해고나 사직 등 예외적인 사유가 없는 한 회사가 정한 정년까지 고용해야 하는 의무를 부담하나, 계약직 근로자의 경우 계약기간 만료로 근로관계가 자동 종료된다는 차이가 있다.

■ 계약직의 계약기간 제한

- 근로계약 당사자는 원칙적으로 근로계약 기간을 임의로 정할 수 있다. 다만, 계약직 근로자의 경우 2년을 초과하지 아니하는 범위 내에서만(기간제 근로계약의 반복갱신 등의 경우에는 그 계속 근로한 총기간이 2년을 초과하지 아니하는 범위 안에서) 사용할 수 있으며, 계약직 근로자의 계약기간이 2년을 초과할 경우 원칙적으로 기간의 정함이 없는(무기 계약직) 근로자로 본다.

■ 사용자는 다음의 각 어느 하나에 해당하는 경우에는 예외적으로 2년을 초과하여 계약직 근로자로 사용할 수 있다.

- 사업의 완료 또는 특정한 업무의 완성에 필요한 기간을 정한 경우(건설공사 등 유

기사업, 특정 프로그램 개발 또는 프로젝트 완수를 위한 사업 등과 같이 원칙적으로 한시적이거나 1회성 사업의 특성을 갖는 경우로 한정)

- 휴직·파견 등으로 결원이 발생하여 당해 근로자가 복귀할 때까지 그 업무를 대신할 필요가 있는 경우
- 근로자가 학업, 직업훈련 등을 이수함에 따라 그 이수에 필요한 기간을 정한 경우
- 고령자(55세 이상자)와 근로계약을 체결하는 경우
- 전문적 지식·기술의 활용이 필요한 경우로서 근로자가 자격을 소지하고 해당 분야에 종사하는 경우

③ 수습

■ 수습기간

- 수습기간에 대해 법적인 제한은 없다. 다만, 직무의 성질 등을 감안하여 사회 통념상 인정되는 범위 내로 설정하는 것이 바람직하며, 3개월 이내가 일반적이다. 근로자에 대하여 수습기간을 적용할 것인가의 여부는 근로계약에 명시하여야 하고, 만약 근로계약서에 수습기간이 적용된다고 명시하지 아니하는 경우에는 수습근로자가 아닌 정식사원으로 채용되었다고 보아야 한다.

■ 수습에 대한 해고 제한

- 수습기간 중에 있는 근로자를 해고하거나 수습기간 만료시 본계약의 체결을 거부하는 것은 당해 근로자의 업무능력, 자질, 인품, 성실성 등 업두적격성을 관찰·판단하려는 수습제도의 취지·목적에 비추어 볼 때 보통의 해고보다는 넓게 인정되나, 이 경우에도 객관적으로 합리적인 이유가 존재하여 사회통념상 상당하다고 인정되어야 한다.

■ 수습의 근로조건

- 근로계약 기간을 1년 이상으로 정한 수습기간 중 최저임금의 90% 이상만 지급하면 되나, 그 기간은 3개월까지로 한다.

- 퇴직금은 임시직 또는 수습사용기간을 포함하여 1년 이상 계속하여 근로한 경우 계속근로연수 1년에 대하여 평균임금의 30일분 이상을 지급하여야 하는 것이므로, 수습사용기간을 포함하여 1년 이상 근로한 경우에는 당연히 퇴직금을 지급하여야 한다.
- 수습기간의 연장은 근로자의 법적 지위에 중대한 영향을 미치고, 근로계약의 중요한 일부를 이루는 사항이므로 최소한 수습기간 연장은 그에 대하여 근로자가 동의해야 유효하다.

■ 시용과 수습의 차이

- 시용은 정식채용을 전제로 하여 그 전에 직업능력과 기업에의 적응성을 판단하는 기간이지만, 수습기간은 정시채용 후에 근로자의 직업능력의 양성교육을 목적으로 하는 기간이다.
- 시용기간은 취업규칙이나 단체협약 또는 근로계약에 그 근거가 있어야 한다.
- 수습은 수습기간이 만료되면 정규사원이 되지만, 시용은 시용기간이 만료되면 사용자가 본 채용여부를 결정하게 된다.

5) 근로시간 및 휴게

① 근로시간의 개념 및 범위

- 「근로기준법」상의 근로시간이라 함은 근로자가 사용자의 지휘·감독 아래 근로계약상의 근로를 제공하는 시간을 말하므로, 근로자가 작업시간의 도중에 현실로 직업에 종사하지 않은 대기시간이나 휴식·수면시간 등이라 하더라고 그것이 휴게시간으로서 근로자에게 자유로운 이용이 보장된 것이 아니고 실질적으로 사용자의 지휘·감독 하에 놓여있는 시간이라면 이는 근로시간에 포함된다.

② 법적 기준근로시간

- 「근로기준법」에서는 근로시간은 휴게시간을 제외하고 1일 8시간, 1주 40시간을

초과할 수 없도록 규정하고 있다. 이와 같이 「근로기준법」은 상시 5명 이상 사업장의 1주 근로시간을 40시간으로 제한하고 있을 뿐 토요일 근무를 제한하고 있지는 않다. 따라서 월요일부터 금요일까지 1일 근로시간이 7시이라고 할 경우 토요일에도 연장근로수당을 지급하지 않고 5시간까지 근로시킬 수 있다.

③ 연장근로 규제

- 「근로기준법」에서는 「당사자 간에 합의하면 1주 간 12시간을 한도로 제50조의 근로시간을 연장할 수 있다」고 규정하고 있으므로, 근로자가 동의하지 않는 다면 회사가 일방적으로 연장근로를 시킬 수 없다.
- 다만, 당사자 간의 합의라 함은 원칙적으로 사용자와 근로자와의 개별적 합의를 의미한다 할 것이고, 이와 같은 개별근로자와의 연장근로에 관한 합의는 연장근로 할 때마다 할 필요는 없고 근로계약 등으로 미리 이를 약정하는 것도 가능하다. 따라서 근로계약 체결시 연장근로 동의를 받은 경우 별도의 동의가 필요 없다.

④ 야간근로 및 휴일근로

- 「근로기준법」에서 가산수당을 지급해야 하는 야간근로는 오후 10시부터 오전 6시까지 사이의 근로를 말하며, 휴일근로는 법정휴일 또는 약정휴일의 근로를 말한다. 한편 「근로기준법」에서 토요일에 관해 규정하고 있지 않으며, 고용노동부는 토요일에 관해 특별한 규정이 없으면 무급휴무일로 본다. 따라서 이 경우 평일에 40시간 근로시켰다면 토요일 근무는 연장근로에 해당되어 연장근로수당을 지급하여야 한다. 다만, 변경전 연장근로 규정을 적용할 목적으로 토요일을 무급휴일로 정한 경우 토요일 근로는 휴일근로가 된다.

⑤ 휴게시간의 개념 및 법정휴게시간

- 사용자는 근로시간이 4시간인 경우에는 30분 이상, 8시간인 경우에는 1시간 이상

의 휴게시간을 근로시간 도중에 주어야 하며, 휴게시간은 근로자가 자유롭게 이용할 수 있어야 한다. 따라서 명목상 휴게시간에 해당된다 하더라고 그것이 휴게시간으로서 근로자에게 자유로운 이용이 보장된 것이 아니고 실질적으로 사용자의 지휘·감독 하에 놓여있는 시간이라면 이는 근로시간에 포함되어 유급처리 해야 할 가능성이 높다.

6) 휴일 및 휴가

① 법정 휴일 및 약정 휴일

■ 법정 유급휴일

- 「근로기준법」에서는 사용자는 근로자에게 1주일에 평균 1회 이상의 유급휴일을 주도록 하고 있으며, 사기업에 있어 법정 휴일은 이와 같은 「근로기준법」상 주(週)휴일과 「근로자의 날 제정에 관한 법률」에 따른 근로자의 날(5월 1일)만 법정 유급휴일에 해당한다.
- 주휴일은 1주일에 소정의 근로일수를 개근한 자에 한하여 1주 평균 1회 이상 유급으로 부여하도록 하고 있으며, 반드시 일요일이 아니라도 무방하다. 이 때 「개근」이란 근로제공의 의무가 있는 소정근로일에 결근하지 않는 것을 의미한다. 따라서 1주일간의 지각 또는 조퇴시간을 합산하여 8시간이 되더라고 지각 또는 조퇴는 결근이 아니므로 1일을 결근 처리하여 개근일수에 영향을 미치게 할 수는 없다.

② 법정 연차유급휴가

■ 연차휴가 부여 방법

- 상시 5명 이상의 근로자를 고용하는 회사는 1년간 소정근로일수의 80% 이상 출근한 근로자에게 15일의 유급휴가를 주어야 하며, 계속하여 근로한 기간이 1년 미만인 근로자 또는 1년간 80% 미만의 출근한 근로자에게 1개월 개근시 1일의 유급휴가를 주어야 한다.

- 최초 1년 미만 기간 근로시 월 개근에 따라 부여 받은 최대 11일의 연차휴가를 포함하여 2년간 총15일의 연차휴가를 사용할 수 있었으나, 2018년 5월 29일 법률개정으로 2017년 5월 30일 입사자부터 2년간 최대 26일의 연차휴가를 사용할 수 있다.
- 또한 3년 이상 계속하여 근로한 근로자에게는 15일의 휴가에 최초 1년을 초과하는 계속근로연수 매2년에 대해 1일을 가산한 유급휴가를 주어야 하며, 이 경우 가산휴가를 포함한 총휴가일수는 25일을 한도로 한다.

■ 연차 휴가 시기 변경권

- 사용자는 연차휴가를 근로자가 청구한 시기에 주어야 하는 것이 원칙이며, 근로자가 청구한 시기에 휴가를 주는 것이 사업 운영에 막대한 지장이 있는 경우에 한해 그 시기를 변경할 수 있다.

③ 연차유급휴가의 대체

- 사용자는 근로자대표와의 서면합의에 따라 연차유급휴가에 갈음하여 특정한 근로일에 근로자를 휴무시킬 수 있다.
- 따라서 공휴일이나 하계휴가 등을 약정휴일로 정하고 있지 않은 기업의 경우 해당일에 대해 연차유급휴가를 사용하여 휴무하도록 할 수 있다. 다만, 이와 같은 연차유급휴가가 대체가 유효하기 위해서는 근로자대표와의 서면합의가 있어야 한다.

7) 임금

① 개념

- 사용자가 근로의 대가로 근로자에게 임금, 봉급, 그 밖에 어떠한 명칭으로든지 지급하는 일체의 금품을 말하므로, 근로자에게 계속적·정기적으로 지급되며 그 지급에 관하여 단체협약, 취업규칙, 급여규정, 근로계약, 노동관행 등에 의하여 사용자에게 그 지급위무가 지워져 있는 것이라면 그 명칭을 묻지 않고 임금에 해당된다.
- 임금은 사용용도에 따라 통상임금과 평균임금으로 구분된다.

② 통상임금

- 근로자에게 정기적이고 일률적으로 소정근로 또는 총 근로에 대하여 지급하기로 정한 시간급 금액, 일급 금액, 주급 금액, 월급 금액 또는 도급금액을 말한다.
- 통상임금에 해당하기 위해서는 첫째, 정기성(일정한 간격을 두고 계속적으로 지급), 둘째, 일률성(일정한 조건 또는 기준에 달한 모든 근로자에게 지급), 셋째, 고정성(추가적인 조건과 관계없이 근로를 제공하기만 하면 지급)을 갖춰야 한다.

③ 통상임금의 용도

- 통상임금은 각종 법정수당을 산정하기 위한 기준이 되는 임금으로 연장근로수당, 휴일근로수당, 해고예고수당, 연차휴가미사용수당 등이 지급의 최저기준이 된다.

④ 식대 및 차량유지비가 통상임금에 해당되는지 여부

- 모든 근로자들에게 식대를 급여에 포함시켜 매월 일정액을 지급하였고, 차량소유자에게 차량유지비 명목으로 매월 일정액을 지급하였다면 통상임금의 범위에 포함된다고 보아야 할 것이다.

⑤ 시간당 통상임금 계산 방법

- 근로자에 대한 임금을 월급으로 지급할 경우 월급 통상임금에는 「근로기준법」상의 유급휴일에 대한 임금도 포함되므로 연장근로수당 등을 계산하기 위해 해당 월 통상임금을 월 소정 근로시간수로 나누는 방법에 의하여 시간급 통상임금을 산정함에 있어서는 월 유급휴일 해당 근로시간수도 월 소정 근로시간수에 포함되어야 한다. 따라서 토요일이 무급인 경우 월 통상임금을 209시간으로 나누면 시간당 통상임금이 산정된다.

구 분	시간당 통상임금 산정시간 수	비 고
주 40시간 (토요일이 무급인 경우)	209	(주 소정근로시간 40시간 + 주휴일 유급 8시간) × 4.345주(=365일/7일/12월)

⑥ 평균임금

- 평균임금은 퇴직급여 지급, 재해보상, 휴업수당 지급, 감급제한 등의 경우에 활용된다.
- 산정하여야 할 사유가 발생한 날 이전 3개월 동안에 그 근로자에게 지급된 임금의 총액을 그 기간의 총일수로 나눈 금액을 말하며, 따라서 근로자에게 지급한 금품이 평균임금에 산입되기 위해서는 기본적으로 「근로기준법」상의 임금에 해당되어야 한다. 아울러 실제 지급된 임금뿐만 아니라 평균임금의 산정사유가 발생한 날로 기준으로 하여 당연히 지급되었어야 하는 임금 중 지급되지 아니한 임금도 포함되어야 한다(세금, 4대보험료 등 공제 전 금액 기준)

⑦ 법정 가산수당

■ 법정 가산수당의 종류 및 가산율

- 1일 8시간 또는 1주 40시간을 초과하여 연장근로(시간외근로)를 하거나, 야간근로(오후 10시부터 익일 오전 6시까지 근로) 경우에는 통상임금의 100분의 50 이상을 가산하여 지급하여야 한다. 단, 휴일(법정휴일 또는 약정휴일)에 근로를 한 경우 1일 8시간 이내에는 100분의 50 이상을, 8시간을 초과하는 경우에는 100분의 100 이상을 가산하여 지급하여야 한다.

■ 가산 사유 중복시 가산 방법

- 법정 가산수당 지급사유가 중복되는 경우에는 각각의 법정 가산수당을 중복 가산하여 계산해야 한다. 즉 연장근로와 야간근로가 중복되는 경우에는 가산수당을 중

복하여 산정한다. 다만, 휴일근로와 연장근로는 중복하여 가산하지 않는다.

- 예) 평일 09:00시부터 익일 06:00시까지 철야 근무(12:00~13:00시, 18:00시 ~19:00, 22:00~23:00시 휴게)를 한 경우에
- 소정근로시간인 09:00~18:00시 : 통상임금의 100%
- 19:00~22:00시 : 통상임금의 150%(연장근로수당 50% 가산)
- 23:00~익일 06:00시 : 통상임금의 200%
  (연장근로수당 150% + 야간근로수당 50%)

⑧ 포괄임금제

- 근로계약 체결시 법정기준 노동시간을 초과한 연장, 야간근로 등이 예정되어 있는 경우 계산 편의를 위해 노사합의를 바탕으로 연장, 야간, 휴일수당을 미리 정해 매월 급여와 함께 지급하는 임금산정 방식을 말한다.
- 실제 근로시간을 따지지 않고 매월 일정액의 시간외근로수당을 지급하거나 기본임금에 제수당을 포함해 지급하는 임금산정방식으로 대법원 판례에 의해 인정되기 시작했다.
- 포괄임금제는 근로자의 승낙 하에 기본임금에 제수당이 포함되어 지급된다는 내용이 명시된 근로계약서로 체결되어야 한다. 또한 근로자에게 불이익이 없어야 하므로 포괄임금제에 따라 지급 받은 수당액이 실제로 시간외근로를 한 수당액보다 적은 경우에는 무효라고 할 수 있다.

⑨ 최저임금

- 최저임금
- 최저임금은 매년 고용노동부에서 고시하고 있다. 2020년 적용 최저임금은 시간급 8,590원, 월급 1,795,310원[주 소정근로 40시간을 근무할 경우, 월환산기준시간수 209시간(유급주휴 8시간 포함) 기준]이다.

⑩ 휴업수당

사용자의 귀책사유로 휴업하는 경우에 사용자는 휴업기간 동안 그 근로자에게 평균임금의 100분의 70(이 금액이 통상임금을 초과하는 경우에는 통상임금) 이상을 휴업수당으로 지급하여야 한다.

⑪ 임금지급 방법

■ 임금지급시 유의사항

– 임금은 첫째, 통화로, 둘째, 직접 근로자에게, 셋째, 전액을 지급하여야 한다. 다만, 법령 또는 단체협약에 특별한 규정이 있는 경우에는 임금의 일부를 공제하거나 통화 이외의 것으로 지급할 수 있다. 또한 임시로 지급하는 임금을 제외하고 넷째, 매월 1회 이상 일정한 날짜를 정하여 지급하여야 한다. 이를 임금지급의 4대 원칙(통화불, 직접불, 전액불, 정기불)이라 한다.

■ 타인 명의 계좌 임금 금지

– 임금은 직접 근로자에게 지급하여야 하며, 설사 근로자가 신용불량자라는 이유로 배우자 명의의 계좌로 임금을 입금(최소한 가족관계증명서 징구)한 경우라 하더라도 이와 같은 직접불 원칙에 위배되므로 본인에게 직접 현금으로 임금을 지급하고 본인의 수령증을 받아 두는 것이 바람직하다.

■ 일방적 상계금지

– 근로자가 받을 퇴직금도 임금의 성질을 가진 것이므로 그 지급에 관하여서는 「근로기준법」에 따른 직접전액지급의 원칙이 적용될 것인바, 사용자는 근로자의 퇴직금 채권에 대하여 그가 근로자에 대하여 가지고 있는 불법행위를 원인으로 하는 채권으로 상계할 수 없다. 다만, 계산의 착오 등으로 임금이 초과 지급되었을 때 그 행사의 시기가 초과 지급된 시기와 임금의 정산, 조정의 실질을 잃지 않을 만큼 합리적으로 밀접되어 있고 금액과 방법이 미리 예고되는 등 근로자의 경제생활의 안정을 해할 염려가 없는 경우나, 근로자가 퇴직한 후에 그 재직 중 지급되지 아니

한 임금이나 퇴직금을 청구하는 경우에는 초과 지급된 임금의 반환청구권을 자동채권으로 하여 상계하는 것은 무방하다.

8) 퇴직급여제도

① 개념

- 사용자는 퇴직하는 근로자에게 급여를 지급하기 위하여 첫째, 확정급여형퇴직연금제도 둘째, 확정기여형 퇴직연금제도 셋째, 퇴직금제도 중 하나 이상의 제도를 설정하여야 한다. 다만, 계속근로기간이 1년 미만인 근로자, 4주간을 평균하여 1주간의 소정근로시간이 15시간 미만인 근로자에 대해서는 예외로 한다.
- 퇴직금제도는 계속근로기간 1년에 대하여 30일분 이상의 평균임금을 퇴직금으로 퇴직근로자에게 지급하여야 한다. 다만, 상시 4명 이하의 근로자를 사용하는 사업장의 경우 2010년 12월 1일부터 퇴직금지급의무가 있으며, 2012년 12월 31일까지는 법정 퇴직금의 50%, 2013년 1월 1일부터는 100%를 지급해야 한다.

② 퇴직금 중간정산

- 회사는 근로자가 퇴직한 후 5년이 되는 날까지 관련 증명 서류를 보존해야 한다.
- 일용직 근로자일 경우라도 일용관계가 계속되어온 경우, 상용근로자로 보아 「근로자퇴직급여보장법」을 적용해야 하고 1년 이상 근로한 자에 대하여는 퇴직금을 지급해야 한다.
- 회사는 다음의 사유로 근로자가 요구하는 경우에는 근로자가 퇴직하기 전에 해당 근로자의 계속근로기간에 대한 퇴직금을 미리 정산하여 지급할 수 있으며, 이 경우 중간정산 후의 퇴직금 산정을 위한 계속근로기간은 정산시점부터 새로이 계산한다. 근로자는 중간정산 신청서와 사유별 증빙서류를 제출해야 한다.

※ 다음의 사유

- 무주택자가 본인의 명의 주택을 구입하는 경우
- 무주택자가 전세자금 또는 보증금 마련
- 근로자, 배우자의 부양가족이 질병 또는 부상으로 6개월 이상 요양이 필요한 경우
- 근로자가 파산 선고 또는 개인회생절차 개시
- 임금피크제를 실시하여 임금이 줄어드는 경우
- 천재지변 등.

5. 4대 보험

1) 종류

4대 보험에는 국민연금, 국민건강보험(장기요양보험), 고용보험, 산재보험 등이 있다.

① 국민연금

정부가 직접 운영하는 공적 연금제도로 국민 개개인이 소득 활동을 할 때 납부한 보험료를 기반으로 하여 나이가 들거나, 갑작스런 사고나 질병으로 사망 또는 장애를 입어 소득활동이 중단된 경우 본인이나 유족에게 연금을 지급함으로써 기본 생활을 유지할 수 있도록 하는 연금제도를 말한다. 국민연금은 공적 연금으로서 가입이 법적으로 의무화되어 있기 때문에 사(私)보험에 비해 관리운영비가 적게 소요되며, 관리운영비의 상당부분이 국고에서 지원되므로 사(私)보험처럼 영업 이익을 추구하지 않는다. 현행 국민연금 제도는 부담과 급여의 수준이 일정 기간 불완전 균형을 이루는 수정 적립방식을 채택해 운용하고 있다.

표6. 국민연금공단 사이트

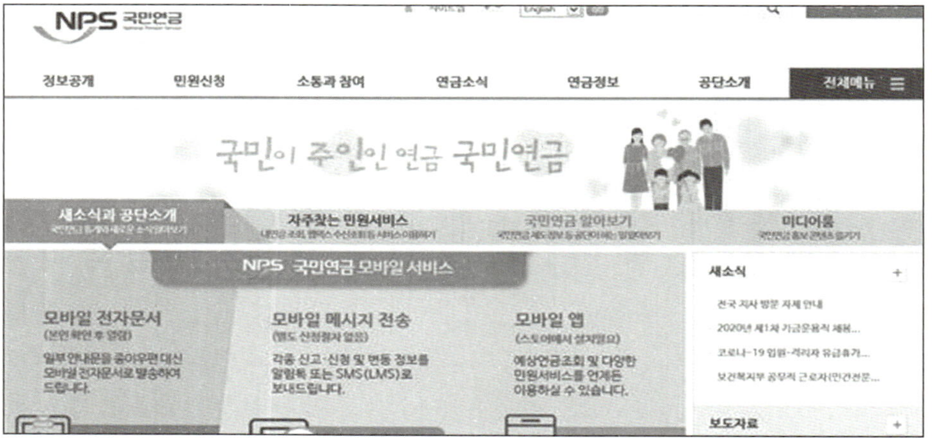

② 국민건강보험

질병이나 부상으로 인해 발생한 고액의 진료비로 가계에 과도한 부담이 되는 것을 방지하기 위하여 국민들이 평소에 보험료를 내고 보험자인 국민건강보험공단이 이를 관리 운영하다가 필요시 보험급여를 제공함으로써 국민 상호간 위험을 분담하고 필요한 의료서비스를 받을 수 있도록 하는 사회보장제도이다. 우리나라 건강보험은 1977년 500인 이상 사업장의 근로자를 대상으로 하여 직장의료보험제도를 처음으로 시행하였다. 1979년 공무원, 사립학교 교직원, 300인 이상 사업장의 근로자, 1988년 농어촌지역 의료보험, 1989년 도시 자영업자를 대상으로 의료보험이 시행되면서 전국민 의료보험시대가 시작되었다. 1998년 10월 지역의료보험조합과 공무원 교원 의료보험공단을 국민의료보험관리공단으로 통합하였고, 2000년 7월부터 국민의료보험관리공단과 직장의료보험조합을 단일조직으로 통합하면서 의료보험이 건강보험으로, 국민의료보험관리공단이 국민건강보험공단으로 변경되었다. 건강보험은 가입자 및 피부양자의 질병과 부상에 대한 예방, 진단, 치료, 재활, 출산, 사망 및 건강증진에 대하여 법령이 정하는 바에 따라 현물 또는 현금의 형태로 서비스를 제공하고 있다. 국민건강보험은 직장가입자와 지역가입자로 적용대상을 구분하는데, 직장가입자는 사업장의 근로자 및 사용자와 공무원 및 교직원, 그리고 피부양자로 구성되고 지역가입자는 직장가입자를 제외한 자를 대상으로 한다. 국민건강보험 대상자 중 피부양자는 직장가입자에 의하여 주로 생계를 유지하는 자로서 보수 또는 소득이 없는 자를 의미하며, 직장가입자의 배우자, 직계존속(배우자의 직계존속 포함), 직계비속(배우자의 직계비속 포함) 및 배우자, 형제·자매를 포함한다.

③ 고용보험

근로자가 실직한 경우에 생활안정을 위하여 일정기간 동안 급여를 지급하는 실업급여사업과 함께 구직자에 대한 직업능력개발 향상 및 적극적인 취업알선을 통한 재취업의 촉진과 실업예방을 위하여 고용안정사업 및 직업능력개발사업 등의 실시를 목적으

표7. 국민건강보험공단 사이트

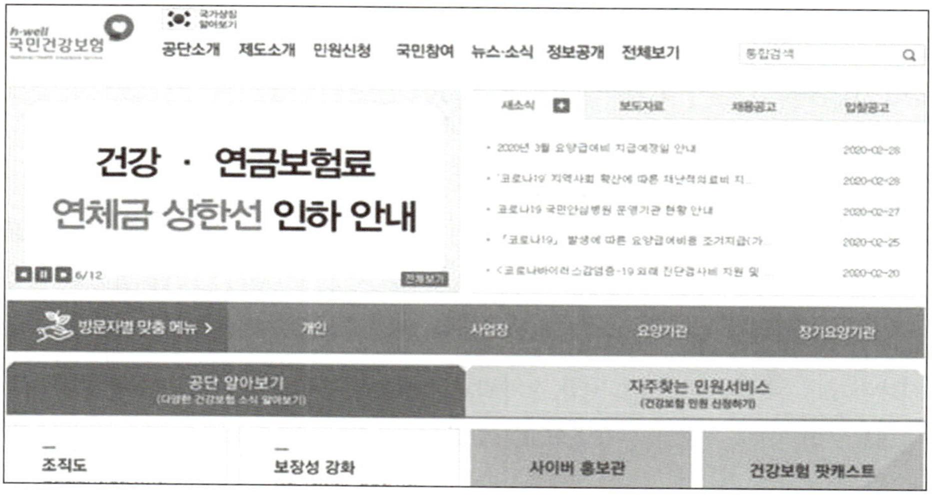

표8. 고용보험 사이트

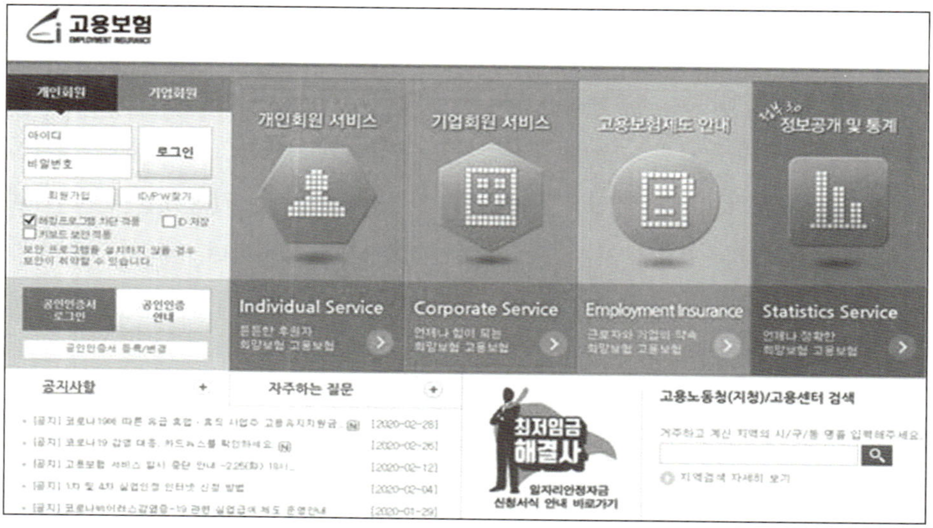

로 하는 사회보험의 하나이다. 「고용보험법」은 1993년 12월에 제정되어 1995년 7월 1일부터 시행되고 있다. 그 후 여러 차례 개정되면서 고용보험의 적용범위를 확대하고 있으며, 2004년부터는 일용근로자, 주 15시간 이상 시간제근로자 등 비정규직 근로자에게까지 고용보험 적용이 확대되고, 건설공사의 경우 총 공사금액이 2천만 원 이상인 경우에도 고용보험이 적용된다. 또한 60세 이후에 신규로 고용된 자, 국가·지방자치단체가 직접 시행하는 공공근로 종사자 및 선원에 대해서도 고용보험이 적용된다. 고용보험은 전통적인 실업보험사업에 머무르지 않고 다양한 실업예방사업 및 구직촉진사업을 병행하는 적극적 노동시장정책을 표방하여 도입된 고용정책의 핵심수단이다. 특히 우리나라가 두 차례의 외환·금융위기를 거치면서 상당수의 실업자가 발생하는 등 사회적 위기에 직면하였을 때 고용보험제도의 작동이 이러한 위기를 극복하는데 크게 기여한 것으로 평가받고 있다.

④ 산재보험

공업화가 진전되면서 급격히 증가하는 산업 재해 근로자를 보호하기 위하여 1964년에 도입된 우리나라 최초의 사회보험제도이다. 산재보험은 산재근로자와 그 가족의 생활을 보장하기 위하여 국가가 책임을 지는 의무보험으로 원래 사용자의 근로기준법상 재해보상책임을 보장하기 위하여 국가가 사업주로부터 소정의 보험료를 징수하여 그 기금(재원)으로 사업주를 대신하여 산재근로자에게 보상을 해주는 제도이다. 주요특성으로는 첫째, 근로자의 업무상의 재해에 대하여 사용자에게 고의·과실의 유무를 불문하는 무과실 책임주의. 둘째, 보험사업에 소요되는 재원인 보험료는 원칙적으로 사업주가 전액부과, 셋째, 산재보험 급여는 재해발생에 따른 손해 전체를 보상하는 것이 아니라 평균임금을 기초로 하는 정률보상 방식으로 행한다. 넷째, 자진신고 및 자진납부를 원칙. 다섯째, 재해보상과 관련되는 이의 신청을 신속히 하기 위하여 심사 및 재심사청구 제도를 운영한다..

표9. 4대사회보험정보연계센터 사이트

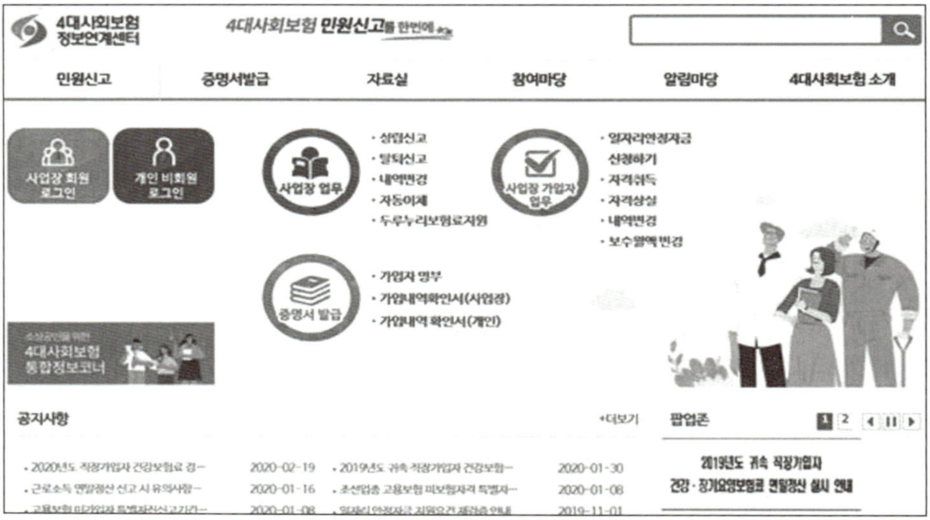

2) 가입대상

① 공통

- 상시 1인 이상의 근로자를 사용하는 사업장의 사용자 및 근로자

② 국민연금

- 월60시간(1주 15시간) 이상, 외국인은 국적·비자격에 따른 가입제한
- 월60시간 미만자 중 생업목적의 3개월 이상 근로를 제공하기로 하고 사용자 동의를 받아 근로자 적용을 희망하는 자. 2인 이상의 사업장에서 월 소정근로시간의 합이 60시간 이상으로서 본인이 희망하여 신청한 경우는 가입자를 포함한다.
- 18세 이상(생일달 제외)~60세 미만(생일달 포함)
- 무보수대표이사 제외(건강보험도 동일)
- 일용근로자는 월 8일 이상 또는 월60시간 근로(건설업은 사업장당 월8일 이상)

③ 건강보험

- 월60시간(1주 15시간) 이상, 연령, 국적 제한 없음
- 일용근로자는 월8일 이상 또는 월60시간 근로(건설업은 사업장당 월3일 이상)

④ 고용보험

- 월60시간(주15시간) 미만도 3개월 이상 근로하기로 하였다면 생업목적 여부와 관계없이 당연 가입대상이다.
- 65세 이전부터 고용보험 취득자가 65세 이후 사업주가 변경되어도 계속 가입이 가능하다.

⑤ 산재보험

- 근로시간, 연령, 국적 관계없이 근로자 1인 이상 고용하는 모든 사업장은 의무적으로 가입해야 한다.
- 50인 미만 사업주는 산재특례(1~12등급)로 가입 시 산재보험에 대해 수혜가 가능하다.

3) 보험료율(2020년 기준: 보험요율은 매년 변경될 수 있음)

① 국민연금

- 9%(사용자와 근로자가 각 각 4.5% 부담)
- 보험료 부과기준 월보수 상하한 : 상한선 486만 원(보험료 218,700원), 하한선 31만 원(보험료 13,950원)
- 월보수가 ±20% 이상 변경시에는 변경신고를 하여야 한다.

② 국민건강보험

- 6.46%(사용자와 근로자가 각 각 3.23%)

- 보험료 부과기준 월보수 상하한 : 상한선 98,537,460원(보험료 3,182,750원), 하한선 278,950원(보험료 9,010원)
- 장기요양보험료는 건강보험료의 8.51%

③ 고용보험

- 1.6%(사용자와 근로자 각 각 0.8% 부담)

④ 산재보험

- 사업주가 전액 부담(임금채권부담금 합산 징수)
- 업종별 요율 적용, 3년 이상 및 30인 이상 사업장은 개별요율제 적용

4) 4대 보험 가입 신청

- 사업주는 직원을 신규 채용시 한 달 전에 가입신고를 하여야 하는데 가입신청서를 작성한 후 4대 보험 중 어느 한 곳에 팩스를 보내고 전화로 가입 신청하면 된다.
- 세무사사무소에 위탁하여 신고할 수 있다.

Ⅱ

조 경 실 무

Ⅱ. 조경실무

1. 건설산업기본법

1) 건설공사의 정의(법 제2조)

건설공사란 토목공사, 건축공사, 산업설비공사, 조경공사 및 환경시설공사 등 시설물을 설치·유지·보수하는 공사(시설물을 설치하기 위한 부지조성공사 포함), 기계설비, 기타 구조물의 설치 및 해체공사 등을 말한다.

2) 건설업의 종류

건설업의 종류에는 일반건설업과 전문건설업으로 구분되며, 일반건설업에는 5개, 전문건설업에는 29개의 업종이 있다.

① 일반건설업

업 종	업무내용
토목공사업	- 종합적인 계획·관리 및 조정에 따라 토목공작물을 설치하거나 토지를 조성·개량하는 공사 - 도로·항만·교량·철도·지하철·공항·관개수로·발전(전기제외)·댐·하천 등의 건설, 택지조성 등 부지조성공사, 간척·매립공사 등
건축공사업	- 종합적인 계획·관리 및 조정에 따라 토지에 정착하는 공작물 중 지붕과 기둥(또는 벽)이 있는 것과 이에 부수되는 시설물을 건설하는 공사
토목건축공사업	- 토목과 건축공사업의 업무내용에 속한 공사
산업환경설비공사업	- 종합적인 계획·관리 및 조정에 따라 산업의 생산시설, 환경오염을 예방·제거·감축하거나 환경 오염물질을 처리·재활용하기 위한 시설, 에너지 등의 생산·저장·공급시설 등을 건설하는 공사 - 제철·석유화학공장 등 산업생산시설, 소각장·수처리설비·환경오염방지시설·하수처리시설·폐수종합처리시설·중수도 및 하·폐수처리수 재이용시설 등 환경시설공사, 발전소설비공사 등
조경공사업	- 종합적인 계획·관리·조정에 따라 수목원·공원·녹지·숲의 조성 등 경관 및 환경을 조성·개량하는 공사 - 수목원·공원·숲·생태공원·정원 등의 조성공사

② 전문건설업

실내건축공사업, 토공사업, 석공사업, 도장공사업, 철근·콘크리트공사업, 상·하수도설비공사업, 보링·그라우팅공사업, 포장공사업, 수중공사업, 조경식재공사업, 조경시설물설치공사업 등 29개 업종이 있다.

3) 건설업의 업무범위 구분 방법

① 전문건설업

- 해당업종의 전문공사와 그에 수반되는 부대공사

② 일반건설업

- 2개 이상의 전문공사가 복합되어 종합적인 계획·관리 및 조정이 필요한 공사

③ 업역구분

- 당해 공사의 목적, 설계내용, 계획·관리·조정의 필요성, 시공기술상의 특성, 현지 여건 및 주된 공사에 필수적으로 수반되는 공사로서 인정될 수 있는지 여부 등 제반 사항을 종합적으로 감안하여 판단할 사항

4) 건설업종 개편

국토교통부는 건설산업기본법 하위법령 입법 예고를 통해 전문건설업 28개 업종이 2022년부터 14개로 통합되고, 시설물유지관리업은 종합 또는 전문건설업으로 전화된다. 시행령 개정안에 따르면 첫째, 종합(일반)-전문업체 간 공정경쟁을 위한 통폐합, 둘째, 발주자 편익 강화를 위한 주력분야 제도 도입, 셋째, 시설물 노후화에 따른 안전 확보를 위해 유지보수 시장 전문화 강화, 넷째, 업종 개편과정에서도 영세 사업자는 보호 등의 내용으로 개편된다. 2022년 1월부터 각 전문업체는 대업종으로 자동전환되며, 공공공사는 2022년부터, 민간공사는 2023년부터 대업종을 기준으로 발주한다.

2022년 1월부터 업체별 전문 시공분야를 주력분야로 별도 관리한다. 대업종화로 업무범위가 확대됨에 따라 발주자가 업체별 전문 시공분야를 판단할 수 있도록 주력분야 제도를 도입한다. 전문건설업체는 2022년 대업종화 시행 이전 등록한 업종을 주력분야로 자동 인정받게 되고, 2022년 이후 대업종으로 신규등록 시 주력분야 취득요건을 갖출 경우 주력분야 1개 이상을 선택할 수 있다. 동일 대업종 내에서 주력분야를 추가할 경우, 추가 자본금을 면제하고, 기술자 추가 보유 요건은 해당 주력분야에서 요구하는 기술자 중 1명씩 면제된다. 예를 들면, 조경식재공사 면허를 주력분야로 취득한 후 조경시설물공사업을 주력분야로 추가하고자 할 때, 자본금은 1억5,000만원으로 완화되고, 기술능력은 대업종내 최저 수준으로 설정되어 조경분야 기술자 3명이면 된다. 또

표10, 전문건설업 대업종 구분 및 등록기준

<table>
<tr><th rowspan="2">현업종</th><th colspan="2">현재 전문업종 등록기준</th><th rowspan="2">대업종 명칭</th><th colspan="2">대업종 등록기준</th></tr>
<tr><th>기술자</th><th>자본금</th><th>기술자</th><th>자본금</th></tr>
<tr><td>토공사업</td><td>2인</td><td>1.5억</td><td rowspan="3">지반조성·포장공사업</td><td rowspan="3">2인</td><td rowspan="3">1.5억</td></tr>
<tr><td>포장공사업</td><td>3인</td><td>2억</td></tr>
<tr><td>보링·그라우팅·파일공사업</td><td>2인</td><td>1.5억</td></tr>
<tr><td>실내건축공사업</td><td></td><td></td><td>실내건축공사업</td><td>2인</td><td>1.5억</td></tr>
<tr><td>금속구조물·창호·온실공사업</td><td>2인</td><td>1.5억</td><td rowspan="2">금속창호·지붕건축물 조립공사업</td><td rowspan="2">2인</td><td rowspan="2">1.5억</td></tr>
<tr><td>지붕판금·건축물 조립공사업</td><td>2인</td><td>1.5억</td></tr>
<tr><td>도장공사업</td><td>2인</td><td>1.5억</td><td rowspan="3">도장·습식, 방수·석공사업</td><td rowspan="3">2인</td><td rowspan="3">1.5억</td></tr>
<tr><td>습식·방수공사업</td><td>2인</td><td>1.5억</td></tr>
<tr><td>석공사업</td><td>2인</td><td>1.5억</td></tr>
<tr><td>조경식재공사업</td><td>2인</td><td>1.5억</td><td rowspan="2">조경식재·시설물공사업</td><td rowspan="2">2인</td><td rowspan="2">1.5억</td></tr>
<tr><td>조경시설물설치공사업</td><td>2인</td><td>1.5억</td></tr>
<tr><td>철근·콘크리트공사업</td><td>2인</td><td>1.5억</td><td>철근·콘크리트공사업</td><td>2인</td><td>1.5억</td></tr>
<tr><td>구조물해체·비계공사업</td><td>2인</td><td>1.5억</td><td>구조물해체·비계공사업</td><td>2인</td><td>1.5억</td></tr>
<tr><td>상·하수도설비공사업</td><td>2인</td><td>1.5억</td><td>상·하수도설비공사업</td><td>2인</td><td>1.5억</td></tr>
<tr><td>철도·궤도공사업</td><td>5인</td><td>1.5억</td><td>철도·궤도공사업</td><td>5인</td><td>1.5억</td></tr>
<tr><td>강구조물공사업</td><td>4인</td><td>2억</td><td rowspan="2">철강구조물공사업</td><td rowspan="2">4인</td><td rowspan="2">1.5억</td></tr>
<tr><td>철강재설치공사업</td><td>5인</td><td>7억</td></tr>
<tr><td>수중공사업</td><td>2인</td><td>1.5억</td><td rowspan="2">수중·준설공사업</td><td rowspan="2">2인</td><td rowspan="2">1.5억</td></tr>
<tr><td>준설공사업</td><td>5인</td><td>7억</td></tr>
<tr><td>승강기설치공사업</td><td>2인</td><td>1.5억</td><td rowspan="2">승강기·삭도공사업</td><td rowspan="2">2인</td><td rowspan="2">1.5억</td></tr>
<tr><td>삭도설치공사업</td><td>5인</td><td>2억</td></tr>
<tr><td>기계설비공사업</td><td>2인</td><td>1.5억</td><td rowspan="2">기계가스설비공사업</td><td rowspan="2">2인</td><td rowspan="2">1.5억</td></tr>
<tr><td>가스시설공사업(1종)</td><td>3인</td><td>1.5억</td></tr>
<tr><td>가스시설공사업(2종)</td><td>1인</td><td>–</td><td rowspan="5">가스난방공사업</td><td rowspan="5">1인</td><td rowspan="5">–</td></tr>
<tr><td>가스시설공사업(3종)</td><td>1인</td><td>–</td></tr>
<tr><td>난방공사업(1종)</td><td>2인</td><td>–</td></tr>
<tr><td>난방공사업(2종)</td><td>1인</td><td>–</td></tr>
<tr><td>난방공사업(3종)</td><td>1인</td><td>–</td></tr>
</table>

한, 대업종을 추가 등록 시 겸업 특례는 현행과 동일하게 1회에 한하여 기술자 1인 면제와 자본금 50% 경감할 수 있다.

5) 건설업의 등록기준

① 자본금

- 개인은 영업용 자산, 법인은 법인등기부등본상의 납입자본금
- 재무제표상 실질자본금 자본총계(자산−부채)도 상시 충족(부실자산, 겸업자산은 제외)
- 부실자산 : 현금, 일시적으로 조달된 예금, 사용이 제한된 예금, 무기명식 금융상품, 실재하지 않거나 출처가 불분명한 유가증권, 가지급금, 대여금, 미수금, 미수수익, 선급금, 선급비용, 선납세금, 부도어음, 장기성매출채권, 재고자산, 비상장주식, 임대 또는 운휴 중인 자산, 무형자산, 사실과 다른 보증금, 그 밖에 부실우려가 있다고 인정되는 자산
- 겸업자산 : 건설업 외 자산

② 기술능력

- 상시근로(고용보험 원칙)와 기술자격(자격증)으로 확인
- 건설기술자격증: 건설기술인협회에서 발급한 자격증(건축, 토목, 조경 등 초급이상)
- 국가기술자격증: 관련 분야 기술사, 기사, 산업기사, 기능사 등 자격증

③ 보증가능금액

- 조합에 출자한 금액(자본금의 25% 이상): 매년 확인
- 보증가능금액확인서의 발급기관은 건설공제조합, 전문건설공제조합, 대한설비건설공제조합 및 서울보증보험으로 지정

- 건설업 보증가능금액확인서 발급기관은 보증가능금액확인서를 발급하여 해당 업종의 관할 등록기관에 그 발급 내용을 통보

④ 사무실 및 시설, 장비

- 사무실(건물등기부등본, 건축물대장), 시설 및 장비는 각종 공부 확인(자기소유 원칙)
- 사무실은 주거용 건물, 농업, 임업, 축산, 어업용 등의 건물 등은 사무실로 사용 불가

6) 기재사항 변경신고

① 기재사항이 변경되면 30일 이내에 시·군·구에 기재사항 변경신고를 해야 한다.

② 신고대상 과태료 사항

- 상호
- 대표자
- 영업장 소재지
- 법인(주민)등록번호
- 국적 또는 소속국가명

7) 조경업의 종류 및 업무내용.

조경업의 종류	업무내용
조경공사업	·종합적인 계획·관리·조정에 따라 수목원·공원·녹지의 조성 등 경관 및 환경을 조성하는 공사
조경식재공사업	·조경수목을 식재하거나 잔디 등 지피식물을 입히는 공사 및 유지관리
조경시설물 설치공사업	·조경을 위하여 조경석·인조석·인조암 등을 설치하거나 야외의자·파고라 등의 조경시설물을 설치하는 공사

8) 조경업의 기술능력 및 자본금

조경업의 종류	기술능력	자본금
조경공사업	·조경기사 또는 조경분야의 중급기술자 이상인 자 중 2인을 포함한 조경분야 건설기술자 4인 이상, 토목분야 건설기술자 1인, 건축분야 건설기술자 1인 이상	법인 5억 원 개인 10억 원
조경식재공사업	·조경분야 건설기술자 또는 기술자격취득자 2인 이상(기능사도 가능)	법인 1.5억 원 개인 1.5억 원
조경시설물설치공사업	조경분야 건설기술자 또는 기술자격취득자 2인 이상(기능사도 가능)	법인 1.5억 원 개인 1.5억 원

※ 등록기준 중복인정 특례: 1회에 한하여 2개 이상 신규 또는 추가 등록 시 자본금과 기술인 등 중복인정

※ 2022년 전문건설업 대종업화로 변경예정

2. 관련협회

1) 대한건설협회 및 전문건설협회

① 대한건설협회

대한민국 건설산업기본법 제50조에 의거한 법정단체이다. 1945년 해방 직후 조선토목건축협회로 발족되어 1947년 설립등기를 하고, 이듬해 대한토건협회로 개칭하였으며 1962년에는 현재의 명칭(대한건설협회)으로 개칭하였다. 설립목적은 건설업자의 품위보전, 상호협력의 증진 및 권익옹호 도모, 건설업 관련제도와 건설경제시책 및 건설기술 개선향상 추구, 건설산업의 건전한 육성발전 등이다.

② 대한전문건설협회

대한전문건설협회는 전문건설업자의 권익옹호, 건설업 관련제도 개선 등을 목적으로 하고 있는 건설업 단체이다. 대한민국 건설산업기본법 제50조에 의거 설립한 법정단체이다. 건설산업기본법에 따라 전문건설업 등록을 한 사업자가 건설공사의 각 공종별 전문공사를 직접도급 또는 하도급 받아 해당 전문분야의 시공기술을 가지고 공사를 수행하는 업을 말하며, 일반건설업에서 수립한 종합적인 관리계획을 토대로 시공을 담당하는 핵심적인 생산주체로서의 역할을 수행하고 있다..

표11. 대한건설협회 사이트

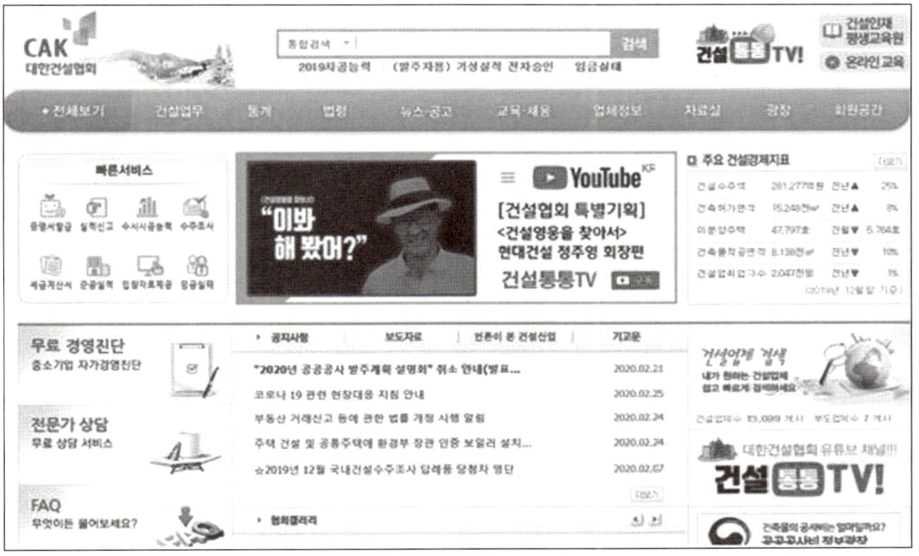

표12. 대한전문건설협회 사이트

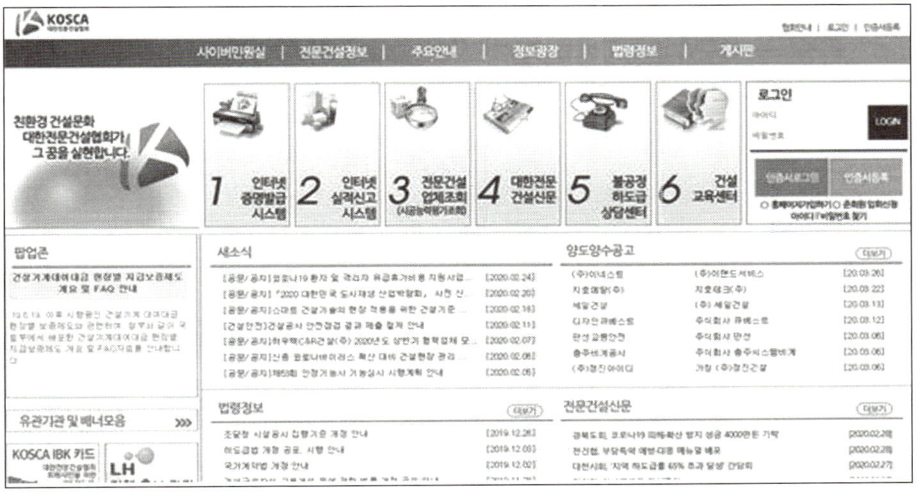

3. 관련조합

1) 건설공제조합 및 전문건설공제조합

① 건설공제조합

면허받은 건설업자로서 출자한 업체를 조합원으로 하는 상부상조 단체로서 1963년 7월 31일 공포한 건설공제조합법에 따라 설립되었으며, 같은 해 11월 18일 업무를 시작하였다. 1988년 전문건설공제조합이 분리되었고 1997년 건설산업기본법으로 공제조합 사항을 통합하여 규정하게 되었다. 1999년 충청북도 충주시 노은면에 건설기술자 직무교육을 위한 건설경영연수원을 개원하였으며, 조합원의 자주적인 경제활동과 경제적 지위향상을 도모하고 건설업의 건전한 발전을 기한다는 목적으로 설립되었다. 주요사업으로는 건설업 영위에 필요한 각종 보증, 자금의 융자, 공사대금으로 받은 어음의 할인, 공사용 기자재 구매알선, 건설기술향상을 위한 연구·교육·공제사업·국가나 지방자치단체가 위탁하는 사업, 건설공사 손해공제 사업, 「부동산투자회사법」에 따른 부동산투자회사에 출자, 「체육시설의 설치·이용에 관한 법률」에 따른 체육시설의 설치·경영, 「부동산개발업의 관리 및 육성에 관한 법률」에 따른 부동산 개발업 등이다.

② 전문건설공제조합

전문건설공제조합은 건설업을 영위하는 조합원의 경제적 지위 향상과 건설업의 건전한 발전을 목적으로 1988년 건설산업기본법에 의해 설립되어 각종 건설 보증과 자금의 융자, 어음할인, 공제상품 등 다양한 금융서비스를 제공하고 교육, 임대, 투자 사업을 수행하는 건설전문 금융기관이다.

표13. 건설공제조합 사이트

표14. 전문건설공제조합 사이트

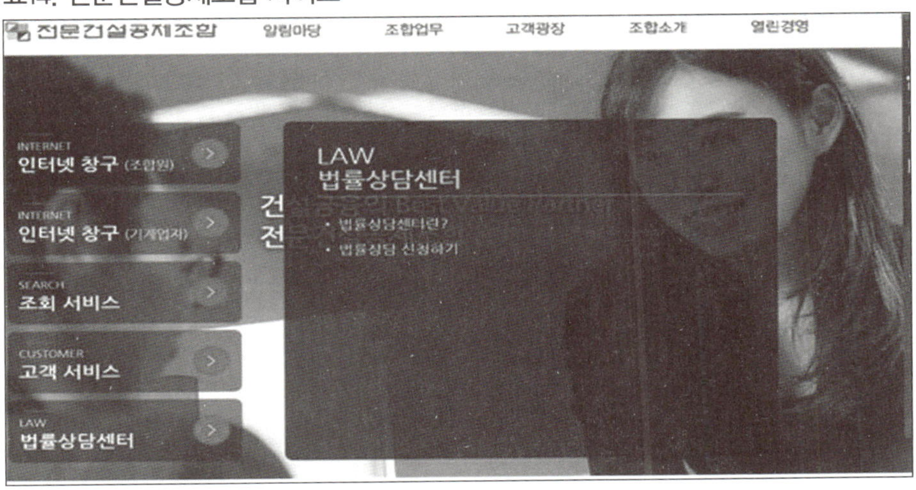

4. 키스콘(건설산업지식정보시스템)

1) 건설공사대장 통보제도

발주자가 자신이 발주한 공사가 누구에 의해 어떤 내용으로 시공되고 있는지 공사 전반에 관한 사항을 알 수 있도록 하기 위하여 건설업자가 건설공사에 관한 주요내용을 기재한 건설공사대장을 발주자에게 전자적으로 통보하는 제도이다.

2) 건설공사 신고대상

1억 원(부가세포함) 이상의 건설공사를 도급받은 건설업자와 그 건설업자로부터 4천만 원 이상의 건설공사를 하도급 받은 건설업자는 신고 대상이다(민간공사 포함, 건설공사를 재하도급받은 건설업자는 제외한다).

3) 신고절차

키스콘 사이트에서 로고인하고 건설공사 대장 신규 작성 클릭 → 해당하는 건설공사 클릭 → 일반 공사 체크 후 다음단계 클릭 → 공사개요, 수급업체, 현장 기술원, 하수급인 신고 등 입력 → 민간공사와 공공공사로 나뉨 해당공사 클릭 → 계약정보에 기간 설정하고 검색을 누르고 신고하고자 하는 공사명 찾아서 선택 → 계약 내용부분 입력 → 계약서에 명시되어 있는 계약 연월일, 착공 연월일, 준공 연월일, 도급금액 등을 입력 → 직접시공금액을 입력 → 발주자 정보 입력 후 저장 → 키스콘 신고하기 공사개요 입력 완료 → 업종선택 후 저장 → 현장기술인 입력 → 상단 오른쪽에 주황색으로 표시되어 있는 작성 내용 확인 후 통보하기 클릭 → 키스콘 신고 완료.

4) 통보내용

공사개요, 도급(하도급) 계약내용, 공사대금 수령 및 지급, 공사참여자 현황 등을 통보하여야 한다.

표15, 키스콘 사이트

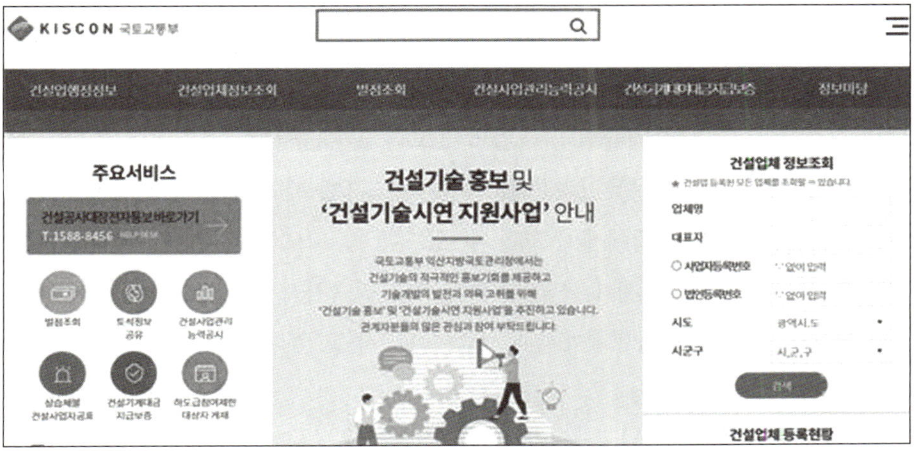

5) 통보시기 및 방법

계약 체결일 또는 변경사항이 발생하거나 새로 기재할 사항이 발생한 날로부터 30일 이내에 건설공사정보시스템(키스콘)에 접속하여 (하도급)건설공사대장을 전자적으로 작성하여 통보하여야 한다.

6) 위반시 행정처분

공사가 진행 중인 경우 우선 시정명령을 하고 시정명령에 따르지 아니하면 과태료를 부과하며, 공사 완료일까지 건설공사대장을 미통보하거나 거짓으로 통보한 경우에는 곧바로 과태료를 부과한다.

5. 한국건설기술인협회

1) 건설기술인 경력관리제도

건설기술의 전문화, 건설기술인의 책임의식 고취 및 이중취업 방지 등을 위한 건설기술인으로 하여금 자신의 근무경력 등을 건설기술진흥법 제21조 및 동법 시행규칙 제18조에 따라 국토교통부장관에게 신고할 수 있도록 한 제도이며, 건설기술진흥법 제82조제2항 및 동법 시행령 제117조의 규정에 따라 건축사사무소(건설회사)에 근무하는 건설기술인은 대한건축사협회에서 위탁받아 관리하고 있다.

2) 건설기술인이 경력신고를 하여 얻는 이익

업체의 부도, 폐업 등으로 경력입증이 곤란했던 사항을 수시로 신고할 수 있도록 함으로써 경력의 누락으로 인한 불이익을 방지할 수 있다. 경력증명 필요시 해당업체별로 관련 증명서류를 받기 위하여 소요되는 시간 및 경비를 절감할 수 있다. 건설기술인 경력증명서 등 각종 제증명은 건설기술진흥법에 따라 발급되는 법적으로 보장된 공신력 있는 증명으로 건설기술인의 자긍심과 권익을 보호하고 위상을 제고하는데 있다.

3) 건설기술인 경력증명의 활용범위

- 건설기술기본법 등 관계법에 따른 건설관련업 면허 및 현장 배치기준에 해당하는 인·허가에 증명서류로 인정 된다.
- 설계·감리 등 업무 수주에 경력증명 서류로 이용할 수 있다.
- 부실벌점 확인증명서로 사용할 수 있다.

4) 건설기술인 경력(변경)신고

① 신고대상자

㉠ 경력신고 : 건축사사무소(건설회사) 소속 건설기술인 또는 경력관리 희망자로서

신규로 신고하는 사람

㉡ 변경신고 : (신규)경력신고 이후 경력의 변동 및 추가사항이 있는 사람

② 신고서류

경력(변경)신고 시 경력(변경)신고서의 모든 내용을 빠짐없이 정확하게 기재하여야 하며, 기술등급(초급, 중급, 고급, 특급)의 산정은 근무기간이 아닌 실제 참여한 건설공사업무(프로젝트 수행경력)로 산정하므로 근무경력과 함께 실제 참여한 건설공사업무 참여기술경력(프로젝트 수행경력)도 빠짐없이 신고하여야 한다.

㉠ 경력신고서

- 건설기술인 경력신고서(서식)
- 경력확인서(서식)
- 국외경력확인서(서식)
- 국가기술자격증 사본(해당자에 한함)
- 졸업증명서(해당자에 한함)
- 반명함사진 1매
- 군경력(공병, 시설병, 측량병과)을 증명할 수 있는 주특기 번호와 군 기초훈련기간이 표기된 병적증명서, 해당자에 한함)
- 경력사항을 증명할 수 있는 서류
- 최초 등록 수수료
- 개인정보 수집·동의서(서식)

㉡ 경력변경신고서

- 건설기술인 경력변경신고서(서식)
- 경력확인서(서식)

■ 국외 경력확인서(서식)
■ 경력사항을 증명할 수 있는 서류
■ 경력신고 수수료.

표16. 한국건설기술인협회 사이트

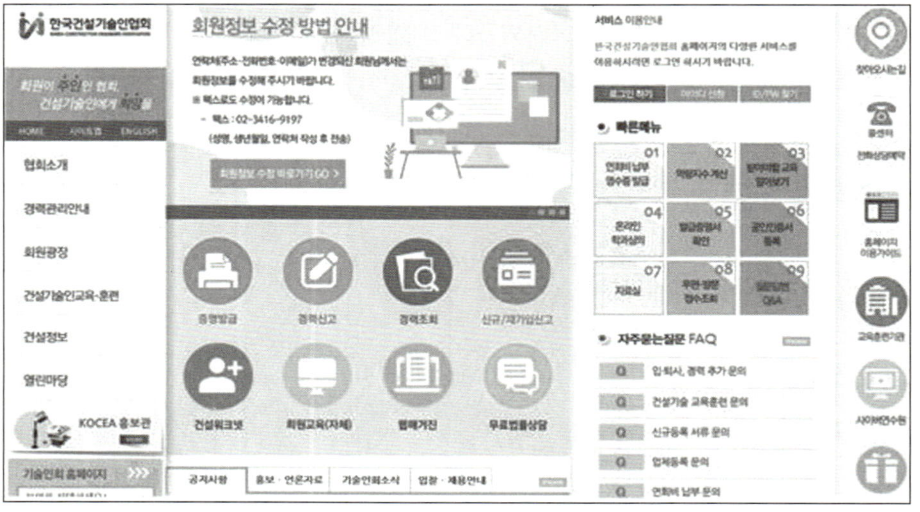

6. 공사입찰

1) 입찰의 개념

공사의 도급이나 물자의 매매계약 체결에 있어 다수의 신청희망자로부터 각자의 낙찰 희망 예정가격을 가입한 신청서를 제출·입찰하게 하여 그 중에서 가장 유리한 내용, 즉 일반적으로 도급예정가액이나 판매가격이 최저가격인 것이나 또는 구매가격이 최고인 입찰자와 계약을 체결하는 방식이다.

2) 입찰과 관련한 용어정리

① 추정가격

시행령 제7조에 따라 예산에 계상된 금액이나 설계서 등에 따라 산출된 금액 등을 기준으로 부가가치세법에 따른 부가가치세와 관급자재로 공급될 부분의 가격을 제외하고 산정된 가격을 말한다.

② 기초금액

예정가격을 결정하기 위하여 가격 조사 또는 원가 계산방식에 의하여 산정한 금액을 말한다.

③ 예정가격

입찰이나 계약체결 전에 낙찰자 및 계약금액의 결정기준으로 삼기 위하여 미리 작성하여 갖춰 두는 가액(價額)으로서 제9조에 따라 작성된 가격을 말한다.

④ 심사분야

수행능력 평가, 입찰가격 평가 등을 심사분야라 한다.

⑤ 시공능력평가액

건설산업기본법 등 관련법령에 따라 관련협회에서 공사업종별로 사업자가 시공할 수 있는 능력을 매년 평가하여 공시한 금액으로 관련법령에 따른 시공능력공시액 등을 말한다.

⑥ 시공비율

공동수급체 구성원이 각각 시공할 비율을 말하며 각 구성원의 시공경험, 기술능력, 경영상태 등을 평가하는데 활용한다.

⑦ 업종평가비율

해당공사 추정가격을 기준으로 산정한 평가대상 업종별 추정가격의 합계(금액) 대비 해당 업종별 추정가격의 비율을 말한다.

⑧ 지역업체

해당 공사현장을 관할하는 특별시·광역시·도·특별자치도(이하 "시·도"라 한다)에 주된 영업소를 둔 자를 말한다.

⑨ 전문·그 밖의 의 공사

전기·정보통신·소방·전문·설비·문화재·지하수개발·그 밖의 다른 법령에 따른 공사를 말한다.

⑩ 대형공사

- 총 공사비 추정가격이 300억 원 이상인 신규복합공종공사를 말한다.

⑪ 특정공사

- 총 공사비 추정가격이 300억 원 미만인 신규복합공종공사 중 지방자치단체의 장이 대안입찰 또는 일괄입찰로 집행하는 것이 유리하다고 인정하는 공사를 말한다.

⑫ 대안설계

- 지방자치단체가 작성한 실시설계상의 공종 중에서 대체가 가능한 공종에 대하여 기본방침의 변동 없이 지방자치단체가 작성한 설계에 대체될 수 있는 같은 수준 이상의 기능 및 효과를 가진 신공법·신기술·공기단축 등이 반영된 설계로서 해당 실시설계서상의 가격이 지방자치단체가 작성한 실시설계상의 가격보다 낮고 공사기간이 지방자치단체가 작성한 실시설계서상의 기간을 초과하지 아니하는 방법으

로 시공할 수 있는 설계를 말한다.

⑬ 일괄입찰

■ 지방자치단체가 제시하는 공사일괄입찰기본계획 및 지침에 따라 입찰시에 그 공사의 설계서와 그 밖에 시공에 필요한 도면 및 서류(도서)를 작성하여 입찰서와 함께 제출하는 설계·시공일괄입찰을 말한다.

⑭ 기본설계입찰

■ 일괄입찰의 기본계획 및 지침에 따라 실시설계에 앞서 기본설계와 그에 따른 도서를 작성하여 입찰서와 함께 제출하는 입찰을 말한다.

⑮ 입찰안내서

■ 입찰에 참가하려는 자가 해당 공사의 입찰에 참가하기 전에 자세히 알아야 하는 공사의 범위·규모, 설계·시공기준, 품질 및 공정관리와 그 밖에 입찰 또는 계약이행에 관한 기본계획 및 지침 등을 포함한 문서를 말한다.

3) 입찰의 절차

공사입찰공고 → 입찰참가신청 및 입찰보증금 납부 → 현장설명 → 입찰서 제출 → 개찰 → 낙찰 →계약체결

※ 유찰시 입찰참가신청부터 재시행

4) 현장설명

① 현장설명에 참가하려는 자는 해당 국가기술자격을 취득하거나 「건설기술진흥법」등 관련법령에 따라 해당 기술자로 인정받은 자로서 국가기술자격 수첩이나 건설기술자 경력수첩 등을 제시하여야 한다. 다만, 「건설산업기본법 시행령」제8조, 「전기공

사업법 시행령」제5조 및 「정보통신공사업법 시행령」제4조에 따른 경미한 공사의 경우에는 그러하지 아니하다.

② 추정가격이 300억 원 이상인 공사입찰 시 시행령 제15조에 따라 현장설명을 하는 경우에는 현장설명에 참가한 자만이 입찰에 참가할 수 있다.

③ 계약담당자는 시행령 제43조 제7항에 따라 제안요청서에 대한 설명을 하는 경우에는 설명에 참가한 자만을 계약에 참가하게 할 수 있다.

5) 입찰보증금

① 입찰참가자는 입찰참가신청마감일(공휴일인 때에는 전일)까지 입찰금액의 100분의 5 이상에 상당하는 입찰보증금을 시행령 제37조제2항에 정한 현금·보증서 등으로 발주기관에 납부해야 한다.

② 계약담당자는 경우에 따라서(시행령 제37조제3항제1호부터 제5호까지 및 제7호에 정한 자가 입찰에 참가하는 경우) 입찰보증금의 납부를 면제할 수 있다.

6) 입찰의 성립

입찰은 입찰참가자격이 있는 자 2인 이상의 유효한 입찰로 성립한다.

7) 입찰의 참가자격

① 지방자치단체의 장 또는 계약담당자는 다음 각 호의 요건을 갖춘 자만을 입찰에 참가하게 하여야 한다.

- 다른 법령에 따라 허가·인가·면허·등록·신고 등을 필요로 하거나 자격요건을 갖추어야 할 경우에는 해당 허가·인가·면허 등을 받았거나 등록·신고 등을 하였거나

해당 자격요건에 적합할 것

- 보안측정 등의 조사가 필요한 경우에는 관계 기관으로부터 적합판정을 받을 것
- 그 밖에 행정안전부령으로 정하는 요건에 적합할 것

② 「중소기업협동조합법」에 따른 중소기업협동조합이 물품의 제조 및 구매에 관한 입찰에 참가하는 경우로서 제1항제1호에 따른 요건을 갖춘 조합원으로 하여금 해당 물품을 제조하거나 구매하게 하는 경우에는 제1항제1호를 적용하지 아니한다.

8) 입찰참가자격 사전심사

① 지방자치단체의 장 또는 계약담당자는 입찰참가자격을 미리 심사하여 입찰에 참가할 수 있는 적격자를 선정할 수 있다. 다만, 제42조의 3에 따라 낙찰자를 결정하는 공사계약의 경우에는 입찰 참가자격을 미리 심사하여야 한다.

② 지방자치단체의 장 또는 계약담당자는 제1항에 따라 입찰 참가자격을 심사하는 경우에는 계약이행의 난이도, 이행실적, 기술능력, 재무상태, 계약이행의 성실도 및 사회적 신인도 등 계약수행능력을 평가하는 데에 필요한 요소들을 종합적으로 고려하여 행정안전부장관이 정한 기준으로 심사하거나 그 기준의 범위에서 입찰 참가자격의 심사기준을 정할 수 있다. 다만, 지방자치단체의 장 또는 계약담당자는 행정안전부장관이 정한 기준의 범위를 벗어나 달리 정하려는 경우에는 행정안전부장관과 미리 협의하여 달리 심사기준을 정할 수 있다.

③ 지방자치단체의 장 또는 계약담당자는 입찰 전에 입찰에 참가하려는 자가 열람할 수 있도록 다음 각 호의 서류를 갖춰 두어야 하며, 입찰에 참가하려는 자가 요구하는 경우에는 이를 내주어야 한다. 이 경우 지정정보처리장치에 이를 게재함으로써 열람 및 교부를 갈음할 수 있다.

- 입찰 참가자격 사전심사기준
- 입찰 참가자격 사전심사에 필요한 증명 서류의 작성요령 및 제출방법
- 그 밖에 입찰 참가자격 사전심사에 필요한 사항

④ 지방자치단체의 장 또는 계약담당자는 제2항에도 불구하고 용역 등에 대하여 관계 법령에서 사업수행능력 평가절차 등을 규정하고 있는 경우에는 그 절차 등에 따라 입찰에 참가할 수 있는 적격자를 선정한다.

⑤ 제1항에 따른 입찰 참가자격 사전심사에 관한 구체적인 절차는 행정안전부장관이 정한다.

9) 공사의 입찰

① 지방자치단체의 장 또는 계약담당자는 공사를 입찰에 부치려는 경우에는 설계서, 공종별(공종별) 목적물 물량내역서(이하 "물량내역서"라 한다), 그 밖에 행정안전부장관으로 정하는 입찰에 관한 서류(이하 "입찰에 관한 서류"라 한다.)를 작성하여 갖춰 두어야 하며, 입찰공고일로부터 입찰등록 마감일까지 입찰에 참가하려는 자에게 이를 열람하고 교부하여야 한다. 이 경우 지정정보처리장치에 이를 게재함으로써 열람 또는 교부를 갈음할 수 있다.

② 지방자치단체의 장 또는 계약담당자는 공사를 입찰에 부치려는 경우에는 입찰서 제출 마감일 전에 미리 현장설명을 하여야 한다. 다만, 공사의 성질상 현장설명을 할 필요가 없다고 인정될 때에는 그러하지 아니한다.

③ 제3항에 따른 현장설명은 공사의 규모에 따라 해당 입찰서 제출 마감일의 전날부터 기산(起算)하여 다음 각 호의 구분에 따른 기간 전에 실시하여야 한다. 다만, 제

35조제4항에 따른 경우에는 그 기간을 단축할 수 있다.

■ 추정가격이 10억 원 미만인 경우는 7일
■ 추정가격이 10억 원 이상 50억 원 미만인 경우는 15일
■ 추정가격이 50억 원 이상인 경우는 33일

④ 지방자치단체의 장 또는 계약담당자는 추정가격이 300억 원 이상인 공사입찰 시 제3항과 제4항에 따라 현장설명을 하는 경우에는 현장설명에 참가한 자만을 입찰에 참가하게 하여야 한다.

⑤ 지방자치단체의 장 또는 계약담당자는 공사입찰 시 입찰자로 하여금 입찰서에 입찰 총액을 적게 하되, 물량내역서에 단가를 적은 입찰금액 산출내역서(이하 "산출내역서"라 한다)를 입찰서에 첨부하게 하여야 한다. 다만, 추정가격이 100억 원 미만인 공사 또는 제19조제1항에 따라 재입찰에 부치는 공사의 경우에는 낙찰자가 착공신고서를 제출할 때 산출내역서를 제출하도록 하여야 한다.

⑥ 제6항에 따른 산출내역서는 다음 각 호의 구분에 따른 방법에 따라 작성하도록 하여야 한다.

■ 물량내역서가 열람·교부된 공사
– 추정가격이 300억 원 미만인 공사 : 교부된 물량내역서에 단가만을 적는다.
– 추정가격이 300억 원 이상인 공사 : 교부된 물량내역서에 단가를 적되, 발주기관이 수정을 허용한 부분은 수정하여 작성할 수 있다.
■ 물량내역서가 열람·교부되지 않은 공사는 입찰참가자가 물량내역서를 직접 작성하고 여기에 단가를 적는다.

⑦ 장기계속공사(「지방재정법」 제42조에 따른 계속비에 의한 공사를 포함한다)의 경우

에는 총 공사를 대상으로 하여 입찰하게 하여야 한다.

⑧ 지방자치단체의 장 또는 계약담당자는 제79조제1항제2호에 따른 단가계약 체결을 위한 입찰을 실시하는 경우에는 총액으로 입찰을 실시하되, 계약체결 시 총액에 대한 단가 산출내역서를 제출하게 하여야 한다.

10) 재입찰 및 재공고입찰

① 입찰이 성립하지 아니하거나 낙찰자가 없는 경우에는 같은 장소에서 재입찰에 부칠 수 있다. 이 경우 재입찰은 새로운 입찰로 보지 아니하며, 입찰자 또는 입찰횟수의 제한을 받지 아니한다.

② 제1항에 따라 재입찰에 부칠 수 있는 경우 또는 낙찰자가 계약을 체결하지 아니하는 경우에는 재공고입찰에 부칠 수 있다.

③ 제1항이나 제2항에 따른 재입찰 또는 재공고입찰 시에는 기간을 제외하고는 최초 입찰에 부칠 때에 정한 가격과 그 밖의 조건을 변경할 수 있다.

11) 지역제한입찰의 대상

① 공사의 경우

- 「건설산업기본법」에 따른 종합공사는 100억 원
- 「건설산업기본법」에 따른 전문공사는 10억 원
- 「문화재보호법」에 따른 문화재수리공사는 5억 원

12) 지명입찰에 의한 계약

① 계약의 성질 또는 목적에 비추어 특수한 설비·기술·자재·물품 또는 실적이 있는

자가 아니면 계약의 목적을 달성하기 곤란한 경우로서 입찰대상자가 10인 이내인 경우

② 「건설산업기본법」에 따른 종합공사의 경우 추정가격이 3억 원(「건설산업기본법」에 따른 전문공사, 「전기공사업법」에 따른 전기공사, 「정보통신공사업법」에 따른 정보통신공사, 「소방설비공사업법」에 따른 소방설비공사, 그 밖의 공사 관련 법령에 따른 공사의 경우에는 1억 원) 이하인 공사를 하거나 추정가격이 1억 원 이하인 물품의 제조·구매 계약 또는 추정가격이 2억 원 이하인 용역계약을 체결하려는 경우

13) 수의계약에 의할 수 있는 경우

① 천재지변, 작전상의 병력이동, 긴급한 행사, 원자재의 가격급등, 그 밖에 이에 준하는 경우로서 입찰에 부칠 여유가 없는 경우

② 입찰에 부칠 여유가 없는 긴급복구가 필요한 재난 등 행정안전부령에 따른 재난복구 등의 경우

③ 국가기관, 다른 지방자치단체(「지방자치법」 제159조에 따른 지방자치단체조합을 포함한다)와 계약을 하는 경우

④ 특정인의 기술·용역 또는 특정한 위치·구조·품질·성능·효율 등으로 인하여 경쟁을 할 수 없는 경우로서 다음 각 목의 경우

- 공사에서 장래 시설물의 하자에 대한 책임구분이 곤란한 경우로서 행정안전부장관이 정하는 기준에 적합한 직전 또는 현재의 시공자와 계약을 하는 경우
- 작업상의 혼잡 등으로 하나의 현장에서 2인 이상의 시공자가 공사를 할 수 없는 경우로서 행정안전부장관이 정하는 기준에 적합한 현재의 시공자와 계약을 하는

경우

- 마감공사에 대하여 행정안전부장관이 정하는 기준에 적합한 직전 또는 현재의 시공자와 계약을 하는 경우
- 접적지역 등 특수지역에서의 공사로서 사실상 경쟁이 불가능한 경우
- 특허공법, 「건설기술진흥법」 제14조에 따라 지정·고시된 신기술, 「환경기술 및 환경산업 지원법」 제7조에 따라 인증 받은 신기술, 「전력기술관리법」 제6조의2에 따른 새로운 전력기술 또는 「자연재해대책법」 제61조에 따라 지정·고시된 방재신기술(각 해당 법률에 따라 지정된 보호기간 또는 유효기간 내의 경우로 한정한다)에 의한 공사로서 사실상 경쟁이 불가능한 경우
- 해당 물품을 제조·공급한 자가 직접 그 물품을 설치·조립(시험가동을 포함한다) 또는 정비하는 경우
- 특허를 받았거나 실용신안등록 또는 디자인등록이 된 물품을 제조하게 하거나 구매하는 경우로서 적절한 대용품이나 대체품이 없는 경우
- 해당 물품의 생산자나 소지자가 1인뿐인 경우로서 다른 물품을 제조하게 하거나 구매해서는 사업목적을 달성할 수 없는 경우
- 특정인의 기술·품질이나 경험·자격이 필요한 조사·설계·감리·특수측량·훈련·사설관리·교육·행사·정보이용·의상(의류)구매 계약을 체결하거나 관련 법령에 따라 디자인공모에 당선된 자와 설계용역계약을 체결하는 경우
- 특정인과의 학술연구를 위한 용역계약을 할 필요가 있는 경우

⑤ 다음 각 목의 어느 하나에 해당하는 계약

- 「건설산업기본법」에 따른 건설공사(같은 법에 따른 전문공사는 제외한다)로서 추정가격이 2억 원 이하인 공사, 같은 법에 따른 전문공사로서 추정가격이 1억 원 이하인 공사 및 그 밖의 공사 관련 법령에 따른 공사로서 추정가격이 8천만 원 이하인 공사에 대한 계약

■ 추정가격이 2천만 원 이하인 물품의 제조·구매계약 또는 용역계약

■ 추정가격이 2천만 원 초과 5천만 원 이하인 계약으로서 「중소기업기본법」 제2조2항에 따른 소기업 또는 「소상공인 보호 및 지원에 관한 법률」 제2조에 따른 소상공인과 체결하는 물품의 제조·구매계약 또는 용역계약. 다만, 제30조제1항제3호 및 같은 조 제2항 단서에 해당하는 경우에는 소기업 또는 소상공인 외의 자와 체결하는 물품의 제조·구매계약 또는 용역계약을 포함한다.

■ 추정가격이 2천만 원 초과 5천만 원 이하인 계약으로서 다음의 어느 하나에 해당하는 기업 또는 조합과 체결하는 물품의 제조·구매계약 또는 용역계약

- 「여성기업지원에 관한 법률」 제2조제1호에 따른 여성기업
- 「장애인기업활동 촉진법」 제2조제2호에 따른 장애인기업
- 「사회적 기업육성법」 제2조제1호에 따른 사회적기업
- 「협동조합 기본법」 제2조제3호에 따른 사회적협동조합
- 「국민기초생활 보장법」 제18조에 따른 자활기업
- 「도시재생 활성화 및 지원에 관한 특별법」 제2조제1항제9호에 따른 마을기업으로서 행정안전부장관이 정하는 기준에 적합한 기업

14) 입찰공고

① 지방자치단체의 장 또는 계약담당자는 입찰에 부치려는 경우에는 이 영에 특별한 규정이 있는 경우를 제외하고는 지정정보처리장치를 이용하여 공고하여야 한다. 다만, 필요한 경우 그 지방자치단체가 설치·운영하는 인터넷 홈페이지를 이용한 공고를 병행할 수 있다.

② 제1항에 따른 입찰공고를 한 후 사업내용, 예정가격, 입찰참가자격, 입찰 및 계약의 조건 등을 변경하려는 경우에는 계약담당자는 원래의 입찰공고를 취소하고 새로 공고를 하여야 한다. 다만, 입찰공고 내용에 관련 법령을 잘못 표기하는 등 경미한 하

자가 있는 경우에는 정정공고를 하여야 하며, 이 경우 공고기간의 남은 일수에 5일 이상을 가산(加算)하여 공고하여야 한다.

③ 입찰정보 사이트

입찰공고에 대한 정보를 알아보기 위해 운영되고 있는 사이트로 시간이 부족한 사업자들은 매일 입찰공고 나오는 정보를 쉽게 알 수 있는 곳으로 아이건설넷, 인포21 등이 있다.

표17. 아이건설넷 사이트

15) 입찰방법

① 입찰제도의 내용

구 분	내 용
일반경쟁입찰	· 계약의 목적 등을 공고하여 일정한 자격을 갖춘 불특정 다수의 희망자와 경쟁 · 그중에서 가장 유리한 조건의 제시자를 계약 상대자로 선정 · 계약 상대자로 선정된 낙찰자와 계약을 체결 · 정부·지방자치단체·정부투자기관에서 원칙적으로 적용 · 저렴한 공사비와 모든 공사 수주 희망자에게 기회균등 · 과다 경쟁으로 인한 참여업체의 난립과 불공정한 덤핑 등이 행해질 수 있다. · 입찰절차가 복잡하다. · 낙찰자의 신용, 기술, 경험, 능력 등을 신뢰할 수 없다.
지명경쟁입찰	· 계약의 성질 또는 목적에 비추어 특수한 설비, 기술, 자재 또는 실적이 있는 자 등을 지명 · 지명자에 한해 경쟁 입찰에 참가 · 낙찰자와 계약을 체결하는 방법 · 불성실한 자가 경쟁에 참가하여 공정한 경쟁을 방해하는 것을 배제할 수 있다. · 특정업체끼리 불공정한 담합 등이 발생할 수 있다.
제한경쟁입찰	· 일정한 지역, 도급한도액 또는 시공능력, 계약실적 또는 기술 능력 등의 객관적 기준에 따라 입찰 참가자의 자격을 제한 · 제한된 참가자가 경쟁입찰에 참가 · 낙찰자와 계약을 체결하는 방법 · 일반경쟁과 지명경쟁의 단점을 보완한 방법 · 지방자치단체를 중심으로 공사계약에 활용되고 있다. · 일반경쟁입찰과 지명경쟁입찰의 단점을 보완하고 장점을 취하기 위해 도입한 입찰방식이다.
특명입찰 (수의계약)	· 발주자가 필요하다고 판단하는 사업이나 기술, 시공방식의 특수성, 시간적 제한성 등이 있을 경우 단독 입찰하는 방식
턴키입찰 (TK)	· 발주자가 제시하는 공사의 기본계획 및 지침에 따라 설계서, 기타 도서를 작성하여 입찰서와 함께 제출하는 입찰방식이다. · 이 방식은 도급자인 건설업자가 대상계획의 금융·토지조달·설계·시공·기계기구 설치·시운전까지 발주가 필요로 하는 설계와 시공내용 일체를 조달하여 준공 후 인도할 것을 약정하게 된다.
PQ	· 입찰 전에 미리 업체의 시공경험·기술능력 및 재무상태 등을 심사하여 통과된 자만 입찰에 참가하도록 하는 제도이다.
대안입찰	· 발주자가 작성한 설계서에서 대체가 가능한 공종에 대하여 원안입찰과 함께 입찰자의 공사수행능력에 따른 대안제출이 허용된 공사의 입찰을 말한다.

구 분	내 용
	· 설계·시공상의 기술능력개발을 유도하고 설계경쟁을 통한 공사의 품질 향상을 도모하기 위한 제도이다.
부대입찰제	· 정부나 공공기관이 발주하는 건설공사에 응찰할 때 반드시 중소하청업체에 줄 하도급 내용을 함께 기재하도록 하는 제도이다. · 일종의 중소건설업체 보호제도라 할 수 있다. · 긴급을 요하는 경우 등의 경우를 제외하고 일정 규모 이상의 공사에서는 일정 비율이상을 하도급으로 시행하도록 하고 있다.
제한적 평균가 낙찰제	· 예가의 85% 이상 입찰한 자의 평균금액이하로 가장 근접하게 응찰한 자를 낙찰자로 결정하는 제도이다.

② 입찰제도의 장·단점

구 분	장 점	단 점
일반경쟁입찰	· 경쟁으로 인한 공사비 절감 · 공평한 기회 제공 · 담합의 위험성이 낮음	· 공사비 저하로 공사 부실우려 · 입찰비용 증가 · 부적격자 배제 곤란
지명경쟁입찰	· 부적격자 배제로 양질의 공사 · 시공사의 신뢰성	· 불공정한 담합 우려 · 공사비 상승
제한경쟁입찰	· 일반경쟁과 지명경쟁의 단점을 보완	· 실적 등이 없는 신규업체 참여 곤란
특명입찰 (수의계약)	· 기밀유지가 용이 · 공사의 질 향상 가능 · 신속한 계약 가능	· 공사비 상승 · 자료의 비공개로 불투명
턴키입찰 (TK)	· 신공법의 연구 및 개발 · 공사비 절감과 연구 유도 · 공기단축 가능 · 창의성 있는 설계유도 및 책임시공에 의한 기술개발과 축적 · 설계와 시공의 일괄계약으로 책임한계 명확	· 건축주의 의사반영 미흡 · 설계견적 기간이 짧음(계획의 불충분 초래) · 불필요한 도면 부수로 과다 설계비 지출 · 설계지침의 변경 빈번 · 대규모 회사에 유리, 중소기업 불리
	· 우수업체 선정가능으로 부실공사 방지 · 기술개발 의욕 고취	· 심사 내용과 기준이 불합리 · 대기업에 유리한 제도

구 분	장 점	단 점
PQ	· 입찰 부조리 배제 · 입찰 과다 경쟁 배제 · 건설업체 전문화 · 하도급 계열화 촉진	· 담합우려 · 시행절차 및 심사항목 비현실화 · 건설업체의 능력개발 부진 · 자유경쟁원리에 위배
대안입찰	· 공사비 절감 · 설계상 문제점 보완 · 부실시공 예방 · 신기술 개발 축적 및 체계화 유도	· 발주기관의 업무증대로 발주기피 · 대안입찰 능력 미흡 · 대안 심의 기간 부족
부대입찰제	· 중소기업 보호	· 덤핑전가 우려
제한적평균가 낙찰제 (부찰제)	· 최저낙찰제의 과도한 경쟁으로 인한 덤핑입찰 방지 · 도급자의 적정 이윤 보장 · 시공품질 확보	· 업체의 과다경쟁 및 경쟁 계약원칙에 위배 · 기업의 기술개발, 계획수주 등 합리적 경영유도 미흡

16) 입찰서 제출

① 지방자치단체의 장 또는 계약담당자는 입찰자가 입찰서를 제출하는 경우 입찰공고에 표시한 장소와 일시에 입찰서를 직접 제출하도록 하여야 한다. 다만, 필요하다고 인정되는 경우에는 우편 등으로 제출하게 할 수 있다.

② 지방자치단체의 장 또는 계약담당자는 제1항에도 불구하고 지정정보처리장치를 이용하여 입찰서를 제출하게 할 수 있다. 다만, 미리 행정안전부장관과 협의한 경우에는 지정정보처리장치 외에 지방자치단체의 장이 지정·고시한 정보처리장치를 이용하여 입찰서를 제출하게 할 수 있다.

③ 입찰자는 제출한 입찰서를 교환·변경 또는 취소하지 못한다. 다만, 행정안전부장관

이 정하는 경우에는 그러하지 아니한다.

④ 제13조와 제20조에 따른 입찰참가자격이 없는 자가 참가한 입찰이나 그 밖에 행정안전부령으로 정하는 사유에 해당하는 입찰은 무효로 한다. 다만, 제88조제1항에 따른 공동수급체가 구성된 경우 공동수급체의 일부 구성원에게 입찰무효 사유가 있더라도 해당 구성원을 제외한 공공수급체만으로 입찰참가적격을 갖출 수 있는 경우에는 입찰을 무효로 하지 아니한다.

⑤ 투찰은 조달청 나라장터에 접속 후 투찰하면 된다.

17) 조달청 나라장터

조달청에서 실시하는 업무인 입찰공고, 물품, 시설, 용역, 외자, 리스, 비축 따위의 업무를 온라인망을 통해서 입력하고 처리하며 공고하는 시스템을 말하며, 조달업체를 통해 거래가 이루어지는 장터라 할 수 있다. 여러 가지 물품을 판매하고 있기 때문에 사업을 하시는 사업자분들은 나라장터 전자조달에 가입하여야 한다.

① 나라장터전자조달 가입시 필요한 준비물

첫째, 사업자범용공인인증서이다. 범용공인인증서는 전자상거래에서 인감증명서와 같은 역할을 한다. 둘째, 지문보안토근이다. 지문보안토큰은 전자입찰을 하기 위해서 필요한 준비물이다. 범용공인인증서와 지문보안토큰은 한국사업자인증센터 또는 코스콤 등의 홈페이지에서 발급할 수 있다.

18) 낙찰자 결정

① 계약담당자는 최저가 입찰자부터 순서대로 심사한 결과 제5절에 따른 종합평점이 추정가격이 100억 원 미만인 공사는 95점, 100억 원 이상 300억 원 미만인 공사는

표18. 조달청 나라장터 사이트

92점 이상인 자를 낙찰자로 결정한다.

② 동일가격으로 입찰한 최저가 입찰자가 2인 이상인 경우에는 적격통과점수 이상인 자 중에서 최고점수를 받은 자를 낙찰자로 결정하고, 종합평점도 동일한 경우에는 추첨을 통하여 낙찰자를 결정한다.

③ 계약담당자는 "1"과 "2"에 따른 낙찰자 결정 결과를 해당자에게 서면이나 지정정보처리장치로 지체 없이 통보해야 한다.

④ 선순위 낙찰자가 다음 각 호에 해당하는 경우에는 차 순위자부터 순서대로 적격심사를 하여 낙찰자를 결정한다.

- 계약체결 이전에 부적격자(적격통과점수에 미달된 자를 말한다)로 판명되어 낙찰자 결정이 취소된 경우
- 부도 등 불가피하 사유로 해당 계약을 이행할 수 없어 적격심사 대상에서 제외한 경우

⑤ 다음 각 호에 해당하는 자는 낙찰자 결정대상에서 제외하고 차 순위 입찰자를 동일한 방법으로 심사하여 낙찰자를 결정한다.

- 서류제출 요구를 받고 정한 날짜까지 제출하지 아니한 자
- 기한까지 보완·추가서류를 제출하지 아니한 자
- 보완·추가서류를 제출한 후에도 종합평점이 적격통과점수에 미달되는 자

19) 행정안전부 예규·고시 입찰공사 평가기준

① 추정가격이 300억 원 미만 100억 원 이상인 입찰공사 평가기준

㉠ 수행능력평가(44점).

평가요소	점부배정	비 고
최근 10년간 해당공사와 동일한 종류의 공사실적 인정범위와 인정규모에 해당되는 공사 실적 합계	해당공사의 평가기준규모 대비 A : 110% 이상 : 14점 B : 80% 이상 110% 미만 : 12.8점 C : 50% 이상 80% 미만 : 11.6점 D : 20% 이상 50% 미만 : 10.4점 E : 20% 미만 : 9.2점	

- 기술점수(15점) : 기술능력평가표에 따른 평점합계 × 15/35
- 경영상태(15점) : 경영상태는 종합평가방법으로 평가하되, 비영리법인은 신용평가방법으로 평가한다.

– 종합평가 방법(재무비율 평가방법 + 신용평가방법) : 점수 = [(재무비율평가점수

×0.3) + (신용평가 점수×0.7)] × 15/35

- 재무비율평가 방법 : 점수 = 경영상태평가표에 따른 평점합계 × 15/35
- 신용평가 방법 : 점수 = 경영상태평가표에 따른 평점 × 15/35

■ 신인도(±1.2)

- 점수 = 신인도 평가기준에 따른 평점합계 × 40/100
- 점수 산정결과 ±1.2점을 초과하는 부분은 적용하지 아니한다.

㉡ 입찰가격 평가(30점)

■ 평점 = 30−|()×100|

※ | |는 절대값 표시임

※ 입찰가격을 예정가격으로 나눈 결과 소수점 이하는 소수점 다섯째 자리에서 반올림하여 평가한다.

■ 입찰가격이 예정가격 이하로서 예정가격의 100분의 96 이상일 경우의 평점은 22점으로 한다.

■ 최저평점은 2점으로 한다.

㉢ 하도급관리계획 등의 적정성 평가(12점)

■ 하도급관리계획 적정성 평가기준에 따라 평가한다.

㉣ 자재와 인력조달 가격의 적정성 평가(14점)

■ 자재와 인력조달 가격의 적정성 평가 기준에 따라 평가한다.

② 추정가격이 100억 원 미만 50억 원 이상인 입찰공사 평가기준

㉠ 수행능력평가(30점)

■ 시공경험(15점) : 시공실적으로 입찰자격을 제한하는 입찰일 경우

<table>
<tr><th>평가요소</th><th>점부배정</th><th>비 고</th></tr>
<tr><td>가) 최근 10년간 해당공사와 동일한 종류의 공사실적 인정범위와 인정규모에 해당되는 공사 실적 합계</td><td>해당공사의 평가기준규모 대비
A : 100% 이상 : 14.3점
B : 70% 이상 100% 미만 : 12.9점
C : 40% 이상 70% 미만 : 11.4점
D : 20% 이상 40% 미만 : 10.0점
E : 20% 미만 : 8.6점</td><td rowspan="2">가), 나)는 합산적용

종합건설 공사와 그 밖의 공사 포함</td></tr>
<tr><td>나) 최근 3년간 해당공사와 동일한 평가대상 업종별 실적금액의 합계</td><td>· 점수 = 업종별 점수의 합계
· 업종별 점수 = 실적계수×0.7×업종평가비율
· 실적계수 = 최근 3년간 업종별 실적 ÷(평가대상 업종별 추정가격×1.7)
※ 실적계수의 상한은 1로 한다.</td></tr>
</table>

■ 경영상태(15점) : 경영상태는 재무비율 평가방법, 신용평가 방법, 종합평가 방법 중 입찰자가 선택한 방법으로 평가하되, 비영리법인은 신용평가방법으로 평가한다. 다만, 관련협회가 없거나 관련협회에서 실적관리를 하지 않는 공사업종은 종합평가방법으로 평가한다.

– 재무비율평가 방법 : 경영상태평가표에 따른 평점합계 × 15/21

– 신용평가 방법 : 경영상태평가표에 따른 평점합계 × 15/21

– 종합평가 방법(재무비율 평가방법 + 신용평가방법) : 점수 = [(재무비율평가점수×0.3) + (신용평가 점수×0.7)] × 15/21

■ 신인도(±1.2)

– 점수 = 신인도 평가기준에 따른 평점합계 × 40/100

– 점수 산정결과 ±1.2점을 초과하는 부분은 적용하지 아니한다.

ⓛ 입찰가격 평가(50점)

■ 평점 = 50−2×|()×100|

※ | |는 절대값 표시임

※ 입찰가격을 예정가격으로 나눈 결과 소수점 이하는 소수점 다섯째 자리에서 반올림하여 평가한다.

■ 입찰가격이 예정가격 이하로서 예정가격의 100분의 99.5 이상일 경우의 평점은 45점으로 한다.

■ 최저평점은 2점으로 한다.

㉢ 하도급관리계획 등의 적정성 평가(10점)

■ 하도급관리계획 적정성 평가기준에 따라 평가한다.

㉣ 자재와 인력조달 가격의 적정성 평가(10점)

■ 자재와 인력조달 가격의 적정성 평가 기준에 따라 평가한다.

㉤ 그 밖의 해당공사 수행능력상 결격여부(△10)

■ 적용대상 : 모든 공사에 적용한다.

■ 평가기준

- 입찰공고일 현재 기술자보유현황이 건설산업기본법령 등 공사 관련 법상에 따른 등록기준에 미달하는 자는 10점을 감점한다.
- 기술자 보유현황은 입찰공고일 현재를 기준으로 한국건설기술인협회나 관련협회에서 발급받거나 발주기관이 협회 전산망으로 받거나 확인한 기술자보유증명서로 평가한다.
- 관련협회에서 기술자보유현황을 관리하지 아니하는 공사업종이나 공사업체 또는 기능사 등 기능계 기술자는 기술자격, 4대보험 가입 및 최근 3개월간 급여 지급확인서류 등을 제출받아 평가한다.

③ 추정가격이 50억 원 미만 30억 원 이상인 입찰공사 평가기준

㉠ 수행능력평가(25점)

■ 시공경험(15점) : 시공실적으로 입찰자격을 제한하는 입찰일 경우

평가요소	점부배정	비 고
가) 최근 10년간 해당공사와 동일한 종류의 공사실적 인정범위와 인정규모에 해당되는 공사 실적 합계	해당공사의 평가기준규모 대비 A : 100% 이상 : 13.5점 B : 70% 이상 100% 미만 : 12.2점 C : 40% 이상 70% 미만 : 10.8점 D : 20% 이상 40% 미만 : 9.5점 E : 20% 미만 : 8.1점	가), 나)는 합산적용 종합건설 공사와 그 밖의 공사 포함
나) 최근 5년간 해당공사와 동일한 평가대상 업종별 실적금액의 합계	· 점수 = 업종별 점수의 합계 · 업종별 점수 = 실적계수×1.5×업종평가비율 · 실적계수 = 최근 5년간 업종별 실적 ÷(평가대상 업종별 추정가격×1.0) ※ 실적계수의 상한은 1로 한다.	

■ 경영상태(10점) : 경영상태는 재무비율 평가방법, 신용평가 방법, 종합평가 방법 중 입찰자가 선택한 방법으로 평가하되, 비영리법인은 신용평가방법으로 평가한다. 다만, 관련협회가 없거나 관련협회에서 실적관리를 하지 않는 공사업종은 종합평가방법으로 평가한다.

– 재무비율평가 방법 : 경영상태평가표에 따른 평점합계 × 10/15

– 신용평가 방법 : 경영상태평가표에 따른 평점합계 × 10/15

– 종합평가 방법(재무비율 평가방법 + 신용평가방법) : 점수 = [(재무비율평가점수×0.3) + (신용평가 점수×0.7)] × 10/15

■ 신인도(±1.2)

– 점수 = 신인도 평가기준에 따른 평점합계 × 40/100

– 점수 산정결과 ±1.2점을 초과하는 부분은 적용하지 아니한다.

㉡ 입찰가격 평가(70점)

■ 평점 = 70−4×|()×100|

※ | |는 절대값 표시임

※ 입찰가격을 예정가격으로 나눈 결과 소수점 이하는 소수점 다섯째 자리에서 반올림하여 평가한다.

■ 입찰가격이 예정가격 이하로서 예정가격의 100분의 89.25 이상일 경우의 평점은 65점으로 한다.

■ 최저평점은 2점으로 한다.

㉢ 하도급관리계획 등의 적정성 평가(10점)

■ 하도급관리계획 적정성 평가기준에 따라 평가한다.

㉣ 그 밖의 해당공사 수행능력상 결격여부(△10)

■ 적용대상 : 모든 공사에 적용한다.

■ 평가기준 : 추정가격이 100억 원 미만 50억 원 이상인 입찰공사 평가기준과 같다.

④ 추정가격이 30억 원 미만 10억 원 이상인 입찰공사 평가기준

(전문·그 밖의 공사는 30억 원 미만 3억 원 이상)

㉠ 수행능력평가(30점)

■ 시공경험(15점) : 시공실적으로 입찰자격을 제한하는 입찰일 경우

평가요소	점부배정	비 고
가) 최근 10년간 해당공사와 동일한 종류의 공사실적 인정범위와 인정규모에 해당되는 공사 실적 합계	해당공사의 평가기준규모 대비 A : 100% 이상 : 13.5점 B : 70% 이상 100% 미만 : 12.2점 C : 40% 이상 70% 미만 : 10.8점 D : 20% 이상 40% 미만 : 9.5점 E : 20% 미만 : 8.1점	가), 나)는 합산적용 특수한 기술·공법이 요구되는 공사, 전문·전기·정보통신·소방·그밖의 공사
나) 최근 5년간 해당공사와 동일한 평가대상 업종별 실적금액의 합계	· 점수 = 업종별 점수의 합계 · 업종별 점수 = 실적계수×1.5×업종평가비율 · 실적계수 = 최근 5년간 업종별 실적 ÷(평가대상 업종별 추정가격×1.0) ※ 실적계수의 상한은 1로 한다.	

■ 경영상태(15점) : 경영상태는 재무비율 평가방법, 신용평가 방법, 종합평가 방법 중 입찰자가 선택한 방법으로 평가하되, 비영리법인은 신용평가방법으로 평가한다. 다만, 관련협회가 없거나 관련협회에서 실적관리를 하지 않는 공사업종은 종합평가방법으로 평가한다.

- 재무비율평가 방법 : 경영상태평가표에 따른 평점합계
- 신용평가 방법 : 경영상태평가표에 따른 평점합계
- 종합평가 방법(재무비율 평가방법 + 신용평가방법) : 점수 = [(재무비율평가 점수×0.3) + (신용평가 점수×0.7)]

㉡ 입찰가격 평가(70점)

■ 평점 = 70−4×|()×100|

※ | |는 절대값 표시임

※ 입찰가격을 예정가격으로 나눈 결과 소수점 이하는 소수점 다섯째 자리에서 반올림하여 평가한다.

■ 입찰가격이 예정가격 이하로서 예정가격의 100분의 89.25 이상인 경우의 평점은

65점으로 한다.

■ 최저평점은 2점으로 한다.

㉢ 그 밖에 해당공사 수행능력상 결격여부(△10)

■ 적용대상 : 모든 공사에 적용한다.

■ 평가기준 : 추정가격이 100억 원 미만 50억 원 이상인 입찰공사 평가기준과 같다.

⑤ 추정가격이 10억 원 미만 3억 원 이상인 입찰공사 평가기준

(전기·정보통신·소방공사는 3억 미만 1.5억 이상, 전문·설비·문화재·지하수개발·그 밖의 다른 법령에 따른 공사는 3억 원 미만 1억 원 이상)

㉠ 수행능력평가(20점)

■ 시공경험(10점) : 시공실적으로 입찰자격을 제한하는 입찰일 경우

평가요소	점부배정	비 고
가) 최근 10년간 해당공사와 동일한 종류의 공사실적 인정범위와 인정규모에 해당되는 공사 실적 합계	해당공사의 평가기준규모 대비 A : 100% 이상 : 9.0점 B : 70% 이상 100% 미만 : 8.1점 C : 40% 이상 70% 미만 : 7.2점 D : 20% 이상 40% 미만 : 6.3점 E : 20% 미만 : 5.4	가), 나)는 합산적용 특수한 기술·공법이 요구되는 공사
나) 최근 3년간 해당공사와 동일한 평가대상 업종별 실적금액의 합계	· 점수 = 업종별 점수의 합계 · 업종별 점수 = 실적계수×1.0×업종평가비율 · 실적계수 = 최근 3년간 업종별 실적 ÷(평가대상 업종별 추정가격×0.7) ※ 실적계수의 상한은 1로 한다.	

■ 경영상태(10점) : 경영상태는 재무비율 평가방법, 신용평가 방법, 종합평가 방법 중 입찰자가 선택한 방법으로 평가하되, 비영리법인은 신용평가방법으로 평가한다. 다만, 관련협회가 없거나 관련협회에서 실적관리를 하지 않는 공사·업종은 종

합평가방법으로 평가한다.

– 재무비율평가 방법 : 경영상태평가표에 따른 평점합계

– 신용평가 방법 : 경영상태평가표에 따른 평점합계

– 종합평가 방법(재무비율 평가방법 + 신용평가방법) : 점수 = [(재무비율평가 점수 ×0.3) + (신용평가 점수×0.7)]

■ 특별신인도(±1)

– 한국여성경제인협회에서 인정·확인하는 여성기업 : +1점

– 여성기업의 시공비율이 20% 이상인 공동수급체 : +1점

■ 접근성(+0.5점)

– 적용대상 : 추정가격이 5억 원(전문·설비·문화재·지하수개발·그 밖의 다른 법령에 따른 공사는 3억 원) 미만인 공사

ⓛ 입찰가격 평가(80점)

■ 평점 = 80−20×|()×100|

※ | |는 절대값 표시임

※ 입찰가격을 예정가격으로 나눈 결과 소수점 이하는 소수점 다섯째 자리에서 반올림하여 평가한다.

■ 입찰가격이 예정가격 이하로서 예정가격의 100분의 88.25 이상인 경우의 평점은 75점으로 한다.

■ 최저평점은 2점으로 한다.

ⓒ 그 밖에 해당공사 수행능력상 결격여부(△10)

■ 적용대상 : 모든 공사에 적용한다.

■ 평가기준 : 추정가격이 100억 원 미만 50억 원 이상인 입찰공사 평가기준과 같다.

⑥ 추정가격이 3억 원 미만 2억 원 이상인 입찰공사 평가기준

(전기·정보통신·소방공사는 1.5억 미만)

㉠ 수행능력평가(10점)

■ 시공경험(5점) : 시공실적으로 입찰자격을 제한하는 입찰일 경우

평가요소	점부배정	비 고
가) 최근 10년간 해당공사와 동일한 종류의 공사실적 인정범위와 인정규모에 해당되는 공사 실적 합계	해당공사의 평가기준규모 대비 A : 100% 이상 : 5.0점 B : 70% 이상 100% 미만 : 4.6점 C : 40% 이상 70% 미만 : 4.1점 D : 20% 이상 40% 미만 : 3.7점 E : 20% 미만 : 3.2	특수한 기술·공법이 요구되는 공사

■ 경영상태(5점) : 경영상태는 재무비율 평가방법, 신용평가 방법, 종합평가 방법 중 입찰자가 선택한 방법으로 평가하되, 비영리법인은 신용평가방법으로 평가한다. 다만, 관련협회가 없거나 관련협회에서 실적관리를 하지 않는 공사업종은 종합평가방법으로 평가한다.

- 재무비율평가 방법 : 경영상태평가표에 따른 평점합계 × 5/10
- 신용평가 방법 : 경영상태평가표에 따른 평점합계 × 5/10

- 종합평가 방법(재무비율 평가방법 + 신용평가방법) : 점수 = [(재무비율평가 점수 ×0.3) + (신용평가 점수×0.7)] × 5/10

■ 특별신인도(±1)

- 한국여성경제인협회에서 인정·확인하는 여성기업 : +1점
- 여성기업의 시공비율이 20% 이상인 공동수급체 : +1점

■ 접근성(+0.5점)

- 적용대상 : 추정가격이 10억 원 이상 3억 원 이상인 입찰공사 평가기준과 같다.

㉡ 입찰가격 평가(90점)

■ 평점 = 90−20×|()×100|

※ | |는 절대값 표시임

※ 입찰가격을 예정가격으로 나눈 결과 소수점 이하는 소수점 다섯째 자리에서 반올림하여 평가한다.

■ 입찰가격이 예정가격 이하로서 예정가격의 100분의 88.25 이상인 경우의 평점은 75점으로 한다.

■ 최저평점은 2점으로 한다.

㉢ 그 밖에 해당공사 수행능력상 결격여부(△10)

■ 적용대상 : 모든 공사에 적용한다.

■ 평가기준 : 추정가격이 100억 원 미만 50억 원 이상인 입찰공사 평가기준과 같다.

⑦ 추정가격이 2억 원 미만인 입찰공사 평가기준

(전기·정보통신·소방공사는 1.5억 미만)

㉠ 수행능력평가(10점)

■ 시공경험(4.8점) : 시공경험 평가에 따른 평가점수 × 4.8/5

■ 경영상태(5점) : 경영상태는 재무비율 평가방법, 신용평가 방법, 종합평가 방법 중 입찰자가 선택한 방법으로 평가하되, 비영리법인은 신용평가방법으로 평가한다. 다만, 관련협회가 없거나 관련협회에서 실적관리를 하지 않는 공사업종은 종합평가방법으로 평가한다.

– 재무비율평가 방법 : 경영상태평가표에 따른 평점합계 × 5/10

– 신용평가 방법 : 경영상태평가표에 따른 평점합계 × 5/10

– 종합평가 방법(재무비율 평가방법 + 신용평가방법) : 점수 = [(재무비율평가 점수×0.3)+ (신용평가 점수×0.7)] × 5/10

■ 접근성(0.2점)

– 적용대상 : 추정가격이 2억 원(전문·설비·문화재·지하수개발 그 밖의 다른 법령에 따른 공사는 1억 원) 미만인 공사

■ 특별신인도(±1)

– 한국여성경제인협회에서 인정·확인하는 여성기업 : +1점

– 여성기업의 시공비율이 20% 이상인 공동수급체 : +1점

㉡ 입찰가격 평가(90점)

■ 평점 = 90−20×|()×100|

※ | |는 절대값 표시임

※ 입찰가격을 예정가격으로 나눈 결과 소수점 이하는 소수점 다섯째 자리에서 반올림하여 평가한다.

■ 입찰가격이 예정가격 이하로서 예정가격의 100분의 88.25 이상인 경우의 평점은 75점으로 한다.

■ 최저평점은 2점으로 한다.

㉢ 그 밖에 해당공사 수행능력상 결격여부(△10)

■ 적용대상 : 모든 공사에 적용한다.

■ 평가기준 : 추정가격이 100억 원 미만 50억 원 이상인 입찰공사 평가기준과 같다.

20) 공동수급표준협정서

20-1) 공동이행방식

제1조(목적) 이 협정서는 공동수급체의 구성원이 재정, 경영, 기술능력, 인원 및 기자재를 동원하여 아래의 공사, 물품 또는 용역에 대한 계획, 입찰, 시공 등을 위하여 출자비율에 따라 공동 연대하여 계약을 이행할 것을 약속하는 협약을 정함에 있다.

1. 계약건명 :
2. 계약금액 :
3. 발주기관명 :

제2조(공동수급체) 공동수급체의 명칭, 사업소의 소재지, 대표자는 다음과 같다.

1. 명칭 :
2. 주사무소소재지 :
3. 대표자 성명 :

제3조(공동수급체의 구성원)

① 공동수급체의 구성원은 다음과 같다.

1. ○○○ 회사(대표자 :   ) 소재지 :
2. ○○○ 회사(대표자 :   ) 소재지 :

② 공동수급체의 대표자는 ○○○ 으로 한다.

③ 공동수급체 대표자는 발주기관과 제3자에 대하여 공동수급체를 대표하며, 공동수급체의 재산관리와 대금청구 등의 권한을 가진다.

제4조(효력기간) 이 협정서는 당사자 간의 기명(서명)·날인과 동시에 발효하며, 해당 계약의 이행으로 종결된다. 다만, 발주기관이나 제3자에 대하여 해당 계약과 관련한 권리·의무 관계가 남아있는 한 이 협정서의 효력은 존속한다.

제5조(의무) 공동수급체의 구성원은 제1조에서 정한 목적을 수행하기 위하여 성실·근면 및 신의를 바탕으로 하여 필요한 모든 지식과 기술을 활용할 것을 약속한다.

제6조(책임) 공동수급체의 구성원은 발주기관에 대한 계약의 의무이행에 대하여 연대하여 책임을 진다.

제7조(하도급) 공동수급체 구성원 중 일부 구성원이 하도급계약을 체결하려는 경우에는 다른 구성원의 동의를 받아야 한다.

제8조(거래계좌) 행정안전부 예규「지방자치단체 입찰 및 계약 집행기준」제7장 공공계약운영요령 제3절7. 대가의 지급에 정한 바에 따라 선금, 기성대가 등은 다음 계좌로 지급받는다.

1. ○○○ 회사(공동수급체 대표자) : ○○은행, 계좌번호 : 예금주 :
2. ○○○ 회사 : ○○은행, 계좌번호 : 예금주 :

제9조(구성원 출자비율)

① 각 구성원의 출자비율은 다음과 같이 정한다.

1. ○○○ :
2. ○○○ :

② 제1항의 출자비율은 다음 각 호의 어느 하나에 해당하는 경우에 변경할 수 있다. 다만, 출자비율을 변경함에 있어 일부 구성원의 출자 지분 전부를 다른 구성원에게 이전할 수 없다.

1. 발주기관의 계약내용 변경에 따라 계약금액이 증감되었을 경우
2. 공동수급체의 구성원 중 파산, 해산, 부도 등의 사유로 인하여 당초 협정서의 내용대로 계약이행이 곤란한 구성원이 발생하여 공동수급체의 구성원 연명으로 출

자비율의 변경을 요청한 경우

③ 현금 이외의 출자는 시가를 참작, 구성원이 협의 평가하는 것으로 한다.

제10조(손익의 배분) 계약을 이행한 후 이익·손실이 발생한 경우에는 제9조에서 정한 비율에 따라 배당하거나 분담한다.

제10조의2(비용의 분담)

① 본 계약이행을 위하여 발생한 하도급대금, 재료비, 노무비, 경비 등에 대하여 출자비율에 따라 각 구성원이 분담한다.

② 공동수급체 구성원은 각 구성원이 분담할 비용의 납부시기, 납부방법 등을 상호 협의하여 별도로 정할 수 있다.

③ 공동수급체 구성원이 제1항에 따른 비용을 미납할 경우에 출자비율을 고려하여 산정한 미납금액에 상응하는 기성대가는 공동수급체 구성원 공동명의의 계좌에 보관하며, 납부를 완료하는 경우에는 해당 기성대가를 구성원에게 지급한다.

④ 분담금을 3회 이상 미납한 경우 나머지 구성원은 발주기관의 동의를 얻어 해당 구성원을 탈퇴시킬 수 있다. 다만, 탈퇴시킬 수 있는 미납 횟수에 대해서는 분담금 납부주기 등에 따라 발주기관의 동의를 얻어 다르게 정할 수 있다.

제11조(권리·의무의 양도제한) 구성원은 이 협정서에 따른 권리의무를 제3자에게 양도할 수 없다.

제12조(중도탈퇴에 대한 조치)

① 공동수급체의 구성원은 다음 각 호의 어느 하나에 해당하는 경우 외에는 입찰과 해당계약의 이행을 완료하는 날까지 탈퇴할 수 없다. 다만, 제3호에 해당하는 경우에는 다른 구성원이 반드시 탈퇴조치를 해야 한다.

1. 발주기관과 구성원 전원이 동의하는 경우

2. 파산, 해산, 부도 그 밖의 정당한 이유 없이 해당 계약을 이행하지 아니하거나 제10조의2에 따른 비용을 미납하여 공동수급체의 다른 구성원이 발주기관의 동의를 얻어 탈퇴조치를 하는 경우
3. 공동수급체의 구성원 중 파산, 해산, 부도, 그 밖의 정당한 사유 없이 해당 계약을 이행하지 아니하여 시행령 제92조제2항제2호 가목에 따라 입찰참가자격 제한조치를 받은 경우

② 제1항에 따라 구성원 중 일부가 탈퇴한 경우에는 잔존구성원이 공동 연대하여 해당 계약을 이행한다. 다만, 잔존구성원만으로 면허, 실적, 시공능력평가액 등 잔여계약 이행에 필요한 요건을 갖추지 못할 경우에는 잔존구성원이 발주기관의 승인을 얻어 새로운 구성원을 추가하는 등의 방법으로 해당요건을 충족해야 한다.

③ 제2항 본문의 경우 출자비율은 탈퇴자의 출자비율을 잔존구성원의 출자비율에 따라 분할하여 제9조의 비율에 가산한다. 다만, 잔존구성원이 2인 이상으로써 잔존구성원이 모두 동의한 경우에는 자율적으로 출자비율을 조정할 수 있다.

④ 탈퇴하는 자의 출자금은 계약이행 완료 후 제10조의 손실을 공제한 잔액을 반환한다.

제13조(하자담보책임) 공동수급체가 해산한 후 해당 공사에 관하여 하자가 발생한 경우에는 연대하여 책임을 진다.

제14조(운영위원회)

① 공동수급체는 공동수급체의 구성원을 위원으로 하는 운영위원회를 설치하여 계약이행에 관한 제반사항을 협의한다.

② 이 협정서에 정하지 아니한 사항은 운영위원회에서 정한다.

위와 같이 공동수급협정을 체결하고 그 증거로서 협정서 ○통을 작성하여 공동수급

체의 구성원이 기명날인하여 각자 보관한다.

20 년 월 일

○ ○ ○ (인)

○ ○ ○ (인)

20-2) 분담이행방식

제1조(목적) 이 협정서는 공동수급체의 구성원이 재정, 경영, 기술능력, 인원 및 기자재를 동원하여 아래의 공사, 물품 또는 용역에 대한 계획, 입찰, 시공 등을 위하여 출자비율에 따라 공동 연대하여 계약을 이행할 것을 약속하는 협약을 정함에 있다.

1. 계약건명 :
2. 계약금액 :
3. 발주기관명 :

제2조(공동수급체) 공동수급체의 명칭, 사업소의 소재지, 대표자는 다음과 같다.

1. 명칭 :
2. 주사무소소재지 :
3. 대표자 성명 :

제3조(공동수급체의 구성원)

① 공동수급체의 구성원은 다음과 같다.

1. ○ ○ ○ 회사(대표자 :) 소재지 :
2. ○ ○ ○ 회사(대표자 :) 소재지 :

② 공동수급체의 대표자는 ○ ○ ○ 으로 한다.

③ 공동수급체 대표자는 발주기관과 제3자에 대하여 공동수급체를 대표하며, 공동수급체의 재산관리와 대금청구 등의 권한을 가진다.

제4조(효력기간) 이 협정서는 당사자 간의 기명(서명)·날인과 동시에 발효하며, 해당 계약의 이행으로 종결된다. 다만, 발주기관이나 제3자에 대하여 해당 계약과 관련한 권리·의무 관계가 남아있는 한 이 협정서의 효력은 존속한다.

제5조(의무) 공동수급체의 구성원은 제1조에서 정한 목적을 수행하기 위하여 성실·근면 및 신의를 바탕으로 하여 필요한 모든 지식과 기술을 활용할 것을 약속한다.

제6조(책임) 공동수급체의 구성원은 발주기관에 대한 계약의 의무이행에 대하여 분담내용에 따라 각자 책임을 진다.

제7조(하도급) 공동수급체의 각 구성원은 자기 책임 하에 분담부분의 일부를 하도급 할 수 있다.

제8조(거래계좌) 행정안전부 예규「지방자치단체 입찰 및 계약 집행기준」제7장 공공계약운영요령 제3절7. 대가의 지급에 정한 바에 따라 선금, 기성대가 등은 다음 계좌로 지급받는다.

1. ○○○ 회사(공동수급체 대표자) : ○○은행, 계좌번호 : 예금주 :
2. ○○○ 회사 : ○○은행, 계좌번호 : 예금주 :

제9조(구성원의 분담내용)

① 각 구성원의 분담내용은 다음과 같이 정한다.

1. 종합건설공사의 경우

가) ○○○건설회사 : 토목공사

나) ○○○건설회사 : 건축공사

2. 환경설비설치공사의 경우

가) ○○○건설회사 : 설비설치공사

나) ○○○제조회사 : 설비제작

② 제1항의 분담내용은 다음 각 호의 어느 하나에 해당하는 경우에 변경할 수 있다. 다만, 분담내용을 변경함에 있어 일부 구성원의 분담내용 전부를 다른 구성원에게 이전할 수 없다.

1. 발주기관의 계약내용 변경에 따라 계약금액이 증감되었을 경우
2. 공동수급체의 구성원 중 파산, 해산, 부도 등의 사유로 인하여 당초 협정서의 내용대로 계약이행이 곤란한 구성원이 발생하여 공동수급체의 구성원 연명으로 분담내용의 변경을 요청할 경우

제10조(공동비용의 분담) 이 계약이행을 위하여 발생한 공동의 경비 등에 대하여 분담내용의 금액비율에 따라 각 구성원이 분담한다.

제11조(구성원 상호간의 책임)

① 구성원이 분담이행과 관련하여 제3자에게 끼친 손해는 해당 구성원이 분담한다.

② 구성원이 다른 구성원에게 손해를 끼친 경우에는 상호 협의하여 처리하되, 협의가 성립되지 아니하는 경우에는 운영위원회의 결정에 따른다.

제12조(권리·의무의 양도제한) 구성원은 이 협정서에 따른 권리의무를 제3자에게 양도할 수 없다.

제13조(중도탈퇴에 대한 조치)

① 공동수급체의 구성원은 다음 각 호의 어느 하나에 해당하는 경우 외에는 입찰과 해당계약의 이행을 완료하는 날까지 탈퇴할 수 없다.

1. 발주기관과 구성원 전원이 동의하는 경우
2. 파산, 해산, 부도 그 밖의 정당한 이유 없이 해당 계약을 이행하지 아니하거나 제10조의2에 따른 비용을 미납하여 공동수급체의 다른 구성원이 발주기관의 동의를 얻어 탈퇴조치를 하는 경우

② 구성원 중 일부가 파산, 해산 또는 부도 등으로 계약을 이행할 수 없는 경우에는 잔존구성원이 이를 이행한다. 다만, 잔존구성원만으로는 면허, 실적, 시공능력평가액 등 잔여계약이행에 필요한 요건을 갖추지 못할 경우에는 발주기관의 승인을 얻어 새로운 구성원을 추가하는 방법으로 해당요건을 충족해야 한다.

③ 제2항 본문의 경우 제11조제2항을 준용한다.

제13조(하자담보책임) 공동수급체가 해산한 후 해당 공사에 관하여 하자가 발생한 경우에는 분담내용에 따라 그 책임을 진다.

제14조(운영위원회)

① 공동수급체는 공동수급체의 구성원을 위원으로 하는 운영위원회를 설치하여 계약이행에 관한 제반사항을 협의한다.

② 이 협정서에 정하지 아니한 사항은 운영위원회에서 정한다.

위와 같이 공동수급협정을 체결하고 그 증거로서 협정서 ○통을 작성하여 공동수급체의 구성원이 기명날인하여 각자 보관한다.

20 년 월 일

○ ○ ○ (인)

○ ○ ○ (인)

21) 경영상태 평가방법

① 재무비율평가 세부항목

세부심사항목	산출근거
최근연도 부채비율	부채총계/자기자본
최근연도 유동비율	유동자산/유동부채
최근연도 차입금의존도	차입금/총자산
최근연도 영업이익 대비 이자보상배율	영업이익/이자비용
최근연도 매출액 순이익율	순이익/매출액
최근연도 총자산 순이익율	순이익/총자산
최근연도 총자산 대비 영업현금흐름	영업활동으로 인한 현금흐름/총자산
최근연도 자산회전율	(기초총자산+기말총자산)÷2

② 신용평가 업체 현황

기관명	소재지
나이스평가정보(주)	서울
한국기업데이터	서울
한국기업평가	서울
한국신용평가	서울
나이스신용평가(주)	서울

③ 신용평가등급

회사채에 대한 신용평가등급 및 기업신용평가 등급	기업어음에 대한 신용평가등급
AAA	
AA+, AA°, AA−	A1
A+, A°, A−	A2+, A2°, A2−
BBB+, BBB°, BBB−	A3+, A3°, A3−
BB+, BB°	B+
BB−	B°
B+, B°, B−	B−
CCC+ 이하	C 이하

22) 개찰과 낙찰선언

① 지방자치단체의 장 또는 계약담당자는 입찰공고에 표시한 장소와 일시에 입찰자가 참석한 자리에서 개찰하여야 한다. 이 경우 입찰자로서 출석하지 아니한 자가 있으면 입찰사무와 관계없는 공무원으로 하여금 참석할 수 있다.

② 지방자치단체의 장 또는 계약담당자는 적격자를 낙찰자로 결정하였을 때에는 지체 없이 낙찰선언을 하여야 한다.

③ 제39조제2항에 따라 정보처리장치를 이용하여 입찰서를 제출하는 경우에는 제1항과 제2항에도 불구하고 입찰공고에 표시한 절차와 방법에 따라 개찰과 낙찰선언을 한다.

7. 공사계약

1) 계약의 개념

건설공사에서 계약은 수주자(도급자)의 요구와 발주자(시공자)의 승낙으로 성립되는 법률적 행위로, 쌍방의 합의로 이루어지며 발주자에게는 정확한 계약목적물의 완성을 계약상대자(수주자, 도급자)에게는 계약의 이행에 따른 정당한 대가를 요구하는 것이다.

2) 계약의 체결

① 법 제14조제1항에 따라 지방자치단체의 장 또는 계약담당자는 계약상대자를 결정한 경우에는 지체 없이 표준계약서에 따라 계약을 체결하여야 한다.

② 지방자치단체의 장 또는 계약담당자는 제1항에 따른 표준계약서에 적힌 계약 일반사항 외에 해당 계약에 필요한 특약사항을 명시하여 계약을 체결할 수 있다.

3) 계약의 절차

발주 → 공고 → 입찰 → 낙찰자 결정 → 계약체결 → 계약이행 → 감시 → 준공 → 수금

4) 계약의 이행보증

① 지방자치단체의 장 또는 계약담당자는 공사계약을 체결하려는 경우 계약상대자에게 다음 각 호의 방법 중 어느 하나를 선택하여 계약의 이행을 보증하게 하여야 한다.

- 계약보증금을 계약금액의 100분의 15 이상을 내는 방법
- 계약보증금을 내지 아니하고 공사이행보증서[해당 공사의 계약상 의무를 이행할 것을 보증한 기관이 계약상대자를 대신하여 계약상의 의무를 이행하지 아니하는 경우에는 계약금액의 100분의 40(예정가격의 100분의 70 미만으로 낙찰된 공사계약의 경우에는 계약금의 100분의 50을 말한다) 이상을 낼 것을 보증하는 것이어야 한다]를 제출하는 방법

② 지방자치단체의 장 또는 계약담당자는 제1항 본문에 따라 계약이행을 보증한 경우로서 계약상대자가 계약이행보증방법의 변경을 요청하는 경우에는 한 차례만 변경할 수 있다. 다만, 제54조에 따라 지방자치단체에 계약보증금을 세입조치 하여야 할 것으로 예상되는 경우에는 그 계약의 이행보증방법을 변경하게 하여서는 아니 된다.

③ 지방자치단체의 장 또는 계약담당자는 공사를 제외한 물품·용역 등의 계약을 체결하는 경우에는 계약보증금으로 계약금액의 100분의 10 이상을 내게 하여야 한다.

④ 단가계약에 의하는 경우에는 여러 차례로 분할하여 계약을 이행하게 할 때에는 제5항에도 불구하고 매회별 이행예정량 중 최대량에 계약단가를 곱한 금액의 100분의 10 이상을 계약보증금으로 내게 하여야 한다.

⑤ 장기계속계약의 경우에는 제1차 계약체결 시 덧붙여 적은 총 공사 또는 총 제조 등의 금액을 기준으로 하여 제1항 또는 제5항에 따라 계약이행을 보증하게 하여야 한다. 이 경우 해당 계약보증금은 총 공사 또는 총 제조 등의 계약보증금으로 보며, 연차별 계약이 완료되었을 때에는 원래의 계약보증금에서 이행이 끝난 연차별 계약금액의 100분의 10(공사계약의 경우로서 제1항제1호 및 제2호에 해당하는 경우에는 각 호에서 정한 비율을 말한다)을 반환하여야 한다.

5) 감독 및 검사

① 감독 또는 검사를 한 자는 감독 또는 검사의 결과 계약이행의 내용이 당초의 계약내용에 적합하지 아니한 경우에는 그 사실 및 조치에 관한 의견을 감독조서 또는 검사조서에 적어 소속 지방자치단체의 장 또는 계약담당자에게 제출하여야 한다.

② 검사는 계약상대자로부터 해당 계약의 이행을 완료한 사실을 통지 받은 날로부터 14일 이내에 완료하여야 한다. 다만, 행정안전부장관이 정하는 경우에는 7일의 범위에서 그 검사기간을 연장할 수 있다.

6) 하자보수보증금

① 법 제21조에 따른 하자보수보증금은 행정안전부령으로 정하는 바에 따라 계약금액의 100분의 2 이상 100분의 10 이하로 하여야 한다. 다만, 계약의 성질상 하자보수가 필요하지 아니한 경우로서 행정안전부령으로 정하는 경우에는 하자보수보증금을 내지 아니하게 할 수 있다.

② 조경공사의 경우 하자보수 보증금은 100분의 5로 한다.

7) 물가변동으로 인한 계약금액의 조정

지방자치단체의 장 또는 계약담당자는 법 제22조제1항에 따라 지방자치단체의 재정지출 원인이 되는 계약을 체결(장기계속공사와 장기물품제조 등의 경우에는 제1차 계약의 체결을 말한다)한 날부터 90일 이상 지나고 동시에 다음 각 호의 어느 하나에 해당되는 경우에는 행정안전부령으로 정하는 바에 따라 계약금액을 조정한다. 이 경우 조정기준일(조정사유가 발생한 날을 말한다)부터 90일 이내에는 이를 다시 조정하지 못한다.

- 입찰일을 기준으로 하여 행정안전부령을 정하는 바에 따라 산출된 품목조정률이 100분의 3 이상 증감된 경우
- 입찰일을 기준으로 하여 행정안전부령으로 정하는 바에 따라 산출된 지수조정률이 100분의 3 이상 증감된 경우

8) 설계변경으로 인한 계약금액의 조정

① 지방자치단체의 장 또는 계약담당자는 공사계약에서 설계 변경으로 인하여 공사양의 증감이 발생하였을 때에는 법 제22조제1항에 따라 해당 계약금액을 조정한다.

② 입찰참가자가 물량내역서를 직접 작성하여 산출내역서를 제출하는 공사의 경우에는 입찰참가자가 직접 작성한 부분에 누락·오류 등이 있어 계약 내용을 변경하더라도 계약금액을 증액할 수 없다.

③ 계약담당자는 예정가격의 100분의 86 미만으로 낙찰된 공사계약의 계약금액을 제1항에 따라 증액 조정하려는 경우로서 해당 증액 조정금액이 원래 계약금액의 100분의 10 이상인 경우에는 해당 지방자치단체의 장의 승인을 받아야 한다.

④ 제1항에 따라 계약금액을 조정할 때에는 다음 각 호의 기준에 따른다.

- 증감된 공사양의 단가는 제출한 산출내역서상의 단가(계약단가)로 한다. 다만, 계약단가가 예정가격의 단가보다 높은 경우로서 물량이 증가하게 되는 경우 그 증가된 물량에 대한 적용단가는 예정가격단가로 한다.
- 계약단가가 없는 신규비목의 단가는 설계변경 당시를 기준으로 하여 산정한 단가에 낙찰률을 곱한 금액으로 한다.
- 지방자치단체에서 설계 변경을 요구한 경우(계약상대자에게 책임이 없는 사유로 인한 경우를 포함한다)에는 제1호와 제2호에도 불구하고 증가된 물량 또는 신규비목의 단가는 설계 변경 당시를 기준으로 하여 산정한 단가와 그 단가에 낙찰률을 곱한 금액의 범위에서 계약당사자 간에 협의하여 결정한다. 다만, 계약당사자 간에 협의가 이루어지지 아니하는 경우에는 다음 계산식에 따라 계산한 금액으로 한다. [설계 변경 당시를 기준으로 하여 산정한 단가 + (설계 변경 당시를 기준으로 하여 산정한 단가 × 낙찰률] × 50/100

⑤ 지방자치단체의 장 또는 계약담당자는 계약상대자가 새로운 기술·공법 등(지방자치단체의 설계와 같은 수준 이상의 기능효과를 가진 기술·공법·기자재 등을 포함한다)을 사용함으로써 공사비의 절감, 시공기간의 단축 등에 효과가 현저할 것으로 인정되어 계약상대자의 요청에 의하여 필요한 설계 변경을 하였을 때에는 그 절감액의 100분의 30에 해당하는 금액을 감액하여 계약금액을 조정한다.

⑥ 계약금액의 증감분에 대한 일반관리비 및 이윤 등은 제출한 산출내역서상의 일반관리비 및 이윤율 등에 의하여 산출하되 행정안전부령으로 정하는 비율을 초과할 수 없다.

9) 공동계약

① 지방자치단체의 장 또는 계약담당자는 법 제29조제1항에 따른 공동계약을 체결하려는 경우에는 공동수급체의 구성원으로 하여금 공동으로 이행하게 하거나 분담하여 이행하게 할 수 있다. 이 경우 공동도급의 유형, 공동수급체 구성원 상호간의 시공상 책임한계 등 공동계약에 필요한 세부사항은 행정안전부장관이 정한다.

② 공동수급체의 구성원은 공동으로 계약을 이행하는데 필요한 면허·허가·신고·등록 등의 자격요건을 모두 갖추어야 한다. 다만, 분담하여 이행하는 경우에는 분담부분을 이행하는데 필요한 면허·허가·신고·등록 등의 자격요건을 갖추어야 한다.

③ 공동수급체의 구성원은 동일한 입찰에 대하여 공동수급체를 중복으로 구성하여 참가해서는 아니 된다.

④ 공동계약의 경우 공동수급체의 구성원 중 해당 지역의 업체와 그 외 지역의 업체 간에는 「독점규제 및 공정거래에 관한 법률」에 따른 상호출자제한기업진단과 그 계열회사 관계가 아니어야 한다.

⑤ 행정안전부장관은 지역경제 활성화 등을 위하여 필요하면 공동계약에 의하는 경우 해당 지역 업체가 참여하는 비율을 정할 수 있다.

⑥ 지방자치단체의 장 또는 계약담당자는 지식기반사업 중 여러 분야의 전문성이 필요한 복합사업에 입찰참가자가 공동으로 참가하려는 경우에는 특별한 사유가 없으면 이를 허용하여야 한다.

10) 계약의 해제·해지 등 통지

① 지방자치단체의 장 또는 계약담당자는 법 제30조의2에 따라 낙찰자 결정을 취소

하거나 계약을 해제 또는 해지하는 경우에는 낙찰자 및 계약상대자에게 그 사유를 알려야 한다.

② 법 제30조의2제2항제2호에 따라 다음 각 호의 어느 하나에 해당하는 경우에는 낙찰자 결정을 취소하지 아니하거나 계약을 해제 또는 해지하지 아니할 수 있다.

- 재난복구공사 등 긴급한 이행이 필요한 경우로서 새로운 계약을 체결하면 계약의 목적을 달성하기 곤란한 경우
- 천재지변 등 부득이한 사유로 계약의 이행이 지연되는 경우로서 계약을 계속 유지할 필요성이 있다고 인정되는 경우
- 그 밖에 계약의 이행 정도 등을 고려하여 낙찰자 결정을 취소하거나 계약을 해제 또는 해지하면 계약 목적을 달성하기 곤란하거나 지방자치단체에 상당한 손해가 발생할 것으로 판단되는 경우

11) 계약실적보고서 제출

① 지방자치단체의 장 또는 계약담당자는 행정안전부령으로 정하는 서식에 따라 회계연도 종료 후 60일 이내에 계약실적보고서를 행정안전부장관(시·군·구의 경우에는 시·도지사를 말한다)에게 제출하여야 한다.

12) 계약서에 명시해야 할 내용

- 공사내용, 설계서(설계도면, 시방서 등), 공사비 내역서, 공정관리표 등
- 도급금액 중 노임에 해당되는 금액
- 공사 착공시기와 공사 준공시기
- 도급금액의 선급금이나 기성금 지급에 관한 시기 및 방법과 금액
- 공사의 중지, 계약의 해지나 천재지변의 경우 발생하는 손해 부담금에 관한 사항
- 설계변경과 물가변동 등으로 인한 도급금액 또는 공사내용의 변경에 관한 사항

- 산업안전보건법 규정에 의한 표준안전관리비, 산업재해보상보험법에 의한 산업재해보상보험료, 고용보험법에 의한 고용보험료, 국민건강보험법에 의한 국민건강보험료, 연금보험법에 의한 국민연금보험료 등에 관한 사항
- 당해공사에서 발생되는 폐기물 처리방법과 재활에 관한 사항
- 인도를 위한 검사 시기 및 공사 준공 후 도급금액의 지급시기
- 계약이행 지체의 경우 위약금과 지연이자의 지급 등 손해배상에 관한 사항
- 하자담보 책임기간과 담보방법 및 분쟁발생시 해결방법에 관한 사항

13) 계약서류

- 공사계약서
- 공사도급내역서
- 설계도서(설계도면, 시방서 등)
- 현장대리인계(현장대리인 자격증 사본, 재직증명서, 이력서, 건설기술인협회 등록확인증)
- 회사증빙서류(사업자등록증 사본, 건설면허등록증 사본, 건설면허수첩 사본, 인감증명서, 사용인감계(필요시), 등기부등본(법인일 경우) 등)

14) 선금의 지급

① 선금의 의의

지방자치단체가 지급하는 선금은 계약상대자의 계약이행 전 또는 기성대가지급 전에 미리 그 대금의 일부를 지급하는 것으로 공사, 제조 및 용역계약에 있어서 해당 계약의 노임이나 자재구입비, 보험료 등에 우선 충당할 수 있게 하기 위해 계약체결 후 즉시 지급할 수 있도록 하고 있으며, 선금제도의 실효성을 확보하기 위하여 계약금액 규모별로 일정률은 의무적으로 지급해야 한다.

② 선금지급 대상범위

■ 다음 요건을 모두 충족해야 지급대상이 된다.

- 공사, 물품 제조(구매는 제외) 및 용역계약
- 법 제31조에 따라 입찰참가자격 제한을 받고 그 제한기간 중에 있지 아니한 경우
- 선금지급일 기준 선금을 지급하려는 회계연도에 기성금을 지급한 사실이 없는 경우. 단, 원자재 가격 급등 등 불가피한 사유로 인하여 선금을 지급하지 아니하면 계약이행이 곤란한 경우는 제외한다.

③ 선금 지급범위

■ 계약금액의 100분의 70을 초과하지 아니하는 범위에서 계약금액 규모에 따라 선금의무지급률 이상으로 지급해야 한다. 다만, 계약상대자가 선금의무지급률 이하로 신청하는 경우는 신청한 바에 따라 지급한다.

선금의무지급률	공 사	물품제조·용역	비 고
계약금액의 30%	100억 원 이상	10억 원 이상	
계약금액의 40%	100억 원 미만 20억 원 이상	10억 원 미만 3억 원 미만	
계약금액의 50%	20억 원 이상	3억 원 미만	

8. 착공계

공사 현장의 현장대리인, 안전관리자 등 관련자와의 계약내용을 기록한 문서를 착공계라 한다. 착공계는 단순히 계약을 증명하는 것뿐만이 아니라, 착공에 사용하는 공사금액, 공사 관련 업체, 공사의 시작과 예상 마감일 등을 확인하는 역할을 한다. 착공계는 계약일로부터 통상 7일 이내에 발주부서에 제출한다.

1) 착공계 제출시 구비서류

- 착공계
- 현장대리인계(이력서, 자격증 사본, 건설기술인협회 경력증명서, 재직증명서)
- 공사내역서 및 원가계산서

– 원가계산은 낙찰률을 적용하되 건강 및 연금보험은 적용하지 않는다.

- 공사예정공정표
- 직접시공계획서(도급금액 30억 원 이하의 공사가 제출대상이나, 도급금액이 4천만 원 이하이고 공사기간이 1개월 미만인 소규모공사는 예외)
- 안전관리비 및 환경보전비 사용계획서
- 4대보험 가입확인서(사업장적용통지서)
- 자재 및 인력투입계획서
- 품질관리계획서
- 착공 전 사진대지 등

9. 준공계

공사를 마친 후 발생하게 될 문제의 처리에 대한 내용을 기록한 문서이다. 준공은 건설의 가장 마지막 단계로 건설의 모든 공사가 완료된 것을 말한다. 확인 신청이 필요한 공사에서는 공사를 완공한 이후에 건축주가 준공계를 건축 담당 관청에 제출하여야 한다. 그리고 제출 이후에 검사 절차를 받아야 한다. 준공계는 검사 절차만을 위해서가 아니라, 공사를 완료한 후에 발견된 하자를 처리하기 위하여 작성하기도 한다. 이에 준공계를 작성할 때에는 하자보수가 필요한 경우를 대비하여 이에 대한 실액변상이나 재시공을 해줄 것을 요구하는 내용으로 작성하도록 한다.

1) 준공계 제출시 구비서류

- 준공계

- 준공검사원
- 준공도면
- 준공내역서
- 준공사진대지(공사 전, 중, 후 사진)
- 안전관리비 사용내역서
- 환경보전비 사용내역서
- 폐기물처리확인서(송장포함)
- 자재수불부(송장포함) 및 시험성적서
- 공사인력투입내역서
- 작업일지 등

10. 준공검사

준공검사는 준공계 제출일로부터 14일 이내에 발주처에서 실시한다.

11. 준공금 청구

공사업체가 준공금을 지급해줄 것을 요청하기 위하여 작성하는 서식으로 준공검사에 통과 후 준공금 청구시 7일 이내(공휴일 제외)에 대금을 지급 받는다.

1) 준공금 청구시 구비서류

- 준공금청구서
- 계좌입금의뢰서
- 시·국세완납증명서
- 통장사본
- 하자보증금 납부서 및 하자보증서
- 지역개발공채매입(지자체공사의 경우 적용)

■ 4대보험 정산서 등

12. 조경관련법규

1) 건축법상 대지안의 조경

① 면적이 200㎡ 이상인 대지에 건축을 하는 건축주는 용도지역 및 건축물의 규모에 따라 해당 지방자치단체의 조례로 정하는 기준에 따라 대지에 조경이나 그 밖에 필요한 조치를 하여야 한다. 다만, 조경이 필요하지 아니한 건축물로서 대통령령으로 정하는 건축물에 대하여 조경 등의 조치를 하지 아니할 수 있으며, 옥상 조경 등 대통령령으로 따로 기준을 정하는 경우에는 그 기준에 따른다.

② 다음에 해당하는 건축물에 대하여 조경 등의 조치를 하지 아니할 수 있다.

가. 자연녹지지역에 건축하는 건축물

나. 면적 5,000㎡ 미만인 대지에 건축하는 공장

다. 연면적의 합계가 1,500㎡ 미만인 공장

라. 산업집적활성화 및 공장설립에 관한 법률 제2조 제7호에 따른 산업단지의 공장

마. 대지에 염분이 함유되어 있는 경우 또는 건축물 용도의 특성상 조경 등의 조치를 하기가 곤란하거나 조경 등의 조치를 하는 것이 불합리한 경우로서 건축 조례로 정하는 건축물

바. 축사

사. 법 제20조 제1항에 따른 가설건축물

아. 연면적의 합계가 1,500㎡ 미만인 물류시설(주거지역 또는 상업지역에 건축하는 것은 제외한다.)로서 국토교통부령으로 정하는 것

자. 국토의 계획 및 이용에 관한 법률에 따라 지정된 자연환경보전지역·농림지역 또는 관리지역(제2종 지구단위계획구역으로 지정된 지역은 제외한다.)의 건축물

차. 다음에 해당하는 건축물 중 건축조례로 정하는 건축물

- 관광진흥법 제2조 제6호에 따른 관광지 또는 같은 조 제7호에 따른 관광단지에 설치하는 관광시설
- 관광진흥법 시행령 제2조 제1항 제3호에 가목에 따른 전문휴양업의 시설 또는 같은 호 나목에 따른 종합휴양업의 시설
- 국토의 계획 및 이용에 관한 법률 시행령 제48조 제10호에 따른 관광·휴양형 지구단위계획구역에 설치하는 관광시설
- 체육시설의 설치·이용에 관한 법률시행령 별표 1에 따른 골프장

③ 조경 등의 조치에 관한 기준(단, 건축조례로 다음 기준보다 더 완화된 기준을 정한 경우에는 기준에 따른다.)

가. 공장(제1항 제2호부터 제4호까지의 규정에 해당하는 공장은 제외한다.) 및 물류시설(제1항 제8호에 해당하는 물류시설과 주거지역 또는 상업지역에 건축하는 물류시설은 제외한다.)

- 연면적의 합계가 2,000㎡ 이상인 경우: 대지면적의 10% 이상
- 연면적의 합계가 1,500㎡ 이상 2,000㎡ 미만인 경우: 대지면적의 5% 이상

나. 항공법 제2조 제8호에 따른 공항시설: 대지면적의 10% 이상(활주로·유도로·계류장·착륙대 등 항공기의 이륙 및 착륙시설로 쓰는 면적은 제외한다.)

다. 철도건설법 제2조 제1호에 따른 철도 중 역시설: 대지면적의 10% 이상(선로·승강장 등 철도운행에 이용되는 시설의 면적은 제외한다.)

라. 그 밖에 면적 200㎡ 이상 300㎡ 미만인 대지에 건축하는 건축물: 대지면적의 10% 이상

④ 건축물의 옥상에 법 제42조 제2항에 따라 국토교통부장관이 고시하는 기준에 따라 조경이나 그 밖에 필요한 조치를 하는 경우에는 옥상부분 조경면적의 3분의 2에 해당하는 면적을 법 제42조 제1항에 따른 대지의 조경면적으로 산정할 수 있다.

이 경우 조경면적으로 산정하는 면적은 법 제42조 제1항에 따른 조경면적의 100분의 50을 초과할 수 없다.

2) 건축조례의 대지 안의 조경(서울)

① 면적 200㎡ 이상인 대지에 건축물을 건축하고자 하는 자는 법 제42조 제1항에 따라 다음 각 호의 기준에 따른 식수 등 조경에 필요한 면적(이하 조경면적이라 한다.)을 확보하여야 한다.

가. 연면적의 합계가 2,000㎡ 이상인 건축물: 대지면적의 15% 이상

나. 연면적의 합계가 1,000㎡ 이상 2,000㎡ 미만인 건축물: 대지면적의 10% 이상

다. 연면적의 합계가 1,000㎡ 미만인 건축물: 대지면적의 5% 이상

라. 보전녹지지역 안의 건축물: 대지면적의 30% 이상

마. 서울특별시 도시계획 조례 제54조 제3항에 따른 학교 이적지 안의 건축물: 대지면적의 30% 이상

② 조경면적은 다음의 기준에 따라 선정한다.

가. 공지 또는 지표면으로부터 높이 2m미만인 옥외 부분의 조경면적을 모두 산입한다.

나. 온실로 전용되는 부분의 조경면적(채광을 하는 수평투영 면적으로 한다.) 및 필로티, 그 밖에 이와 유사한 구조 부분으로서 공중의 통행에 전용되는 부분의 조경면적은 2분의1을 조경면적으로 산정하되, 해당 대지의 조경면적 기준의 3분의1에 해당하는 면적까지 산입한다.

③ 조경 등의 조치를 하지 아니할 수 있는 건축물은 다음과 같다.

가. 구청장이 시장 환경을 위하여 지정·공고한 기존의 재래시장

나. 구청장이 녹지 보존에 지장이 없다고 인정하여 지정·공고한 지역에서 농·어업을

영위하기 위한 주택·축사 또는 창고

다. 교정시설·군사시설

라. 주차장법 제2조 제5의 2호의 규정에 의한 주차전용건축물

마. 지방자치단체가 설치하는 시내버스 공영차고 및 관련시설

바. 학교(조경면적 기준의 2분의 1 이하에 한한다.)

사. 여객자동차터미널 및 화물터미널

④ 대지 안에 설치하는 조경의 식재기준, 조경시설물의 종류 및 설치방법 등 조경기준

가. 식재면적은 조경면적의 100분의 60 이상

나. 옥상조경을 제외한 인공지반조경의 식재 토심은 1.2m 이상

다. 지장물은 가급적 돌출되지 않을 것

3) 공개공지

① 정의

- 건축법 제43조 및 동법 시행령 제27조의 2에서 정한 바와 같이, 쾌적한 지역 환경을 위해 사적인 대지 안에 조성토록 강제하는, 일반 대중에게 상시 개방되는 공적공간을 말한다.
- 건축법에서 규정하고 있는 공개공지의 설치기준은 크게 4가지로 첫째, 설치의무 대상지역, 둘째, 설치의무 대상 건축물의 용도 및 규모 등, 셋째, 설치 의무 면적, 넷째, 설치형식이 있다.

② 설치의무 대상지역

- 모든 건축물이 공개공지를 설치할 의무를 갖는 것은 아니며, 지역적으로 일반주거지역, 준주거지역, 상업지역, 준공업지역, 특별자치시장·특별자치도지사 또는 시장·군수·구청장이 도시화의 가능성이 크다고 인정하여 지정·공고하는 지역에 일정

용도 및 규모에 해당하는 건축물을 건축하는 경우에만 공개공지 설치의무가 있다.

③ 설치의무 대상 건축물의 용도 및 규모 등

용 도	규 모
· 문화 및 집회시설 · 종교시설 · 판매시설(「농수산물 유통 및 가격 안정에 관한 법률」에 따른 농수산물유통시설 제외) · 운수시설(여객용 시설만 해당) · 업무시설 및 숙박시설	· 해당 용도로 쓰는 바닥면적의 합계가 5,000㎡ 이상
· 그 밖에 다중이 이용하는 시설로서 건축조례로 정하는 건축물	–

④ 설치의무 면적

- 공개공지의 면적은 대지면적의 10% 이하의 범위에서 건축조례로 정하도록 규정하고 있다(건축법 시행령 제27조의 제2항)
- 공개공지 규정은 조경 의무설치 규정과 함께 토지의 건축적 사용을 도시환경 차원에서 중복하여 제한하는 규정이다. 따라서 공개공지면적은 조경면적으로 사용할 수 있도록 허용하고 있다(건축법 시행령 제27조의2 제2항 2문).
- 매장문화재의 현지보존 조치 면적(매장문화재 보호 및 조사에 관한 법률 시행령 제14조)도 공개공지 등의 면적이 될 수 있다(건축법 시행령 제27조의2 제2항 2문).

⑤ 설치형식

- 공개공지 등에는 물건을 쌓아 놓거나 출입을 차단하는 시설을 설치하지 않을 것
- 환경친화적으로 편리하게 이용할 수 있도록 긴의자 또는 파고라 등 건축조례로 정하는 시설을 설치할 것
- 공개공지는 포켓공원이나 쌈지공원 형태의 소규모 휴식시설로 설치하는 것이 일

반적이지만 필로티의 구조로 설치할 수도 있다.

4) 건폐율과 용적율

① 정의

- 건폐율: 대지면적에 대한 건축면적의 비율(대지면적 대비 건축바닥 면적 비율)
- 용적율: 대지면적에 대한 연면적의 비율(건축물 바닥면적의 합계)

② 건폐율과 용적율 제한

구 분	용도지역	건폐율	용적율
도시지역	제1종 전용주거지역	50%이하	100%이하
	제2종 전용주거지역	50%이하	150%이하
	제1종 일반주거지역	60%이하	200%이하
	제2종 일반주거지역	60%이하	250%이하
	제3종 일반주거지역	50%이하	300%이하
	준주거지역	70%이하	500%이하
	중심상업지역	90%이하	1,500%이하
	일반상업지역	80%이하	1,300%이하
	근린상업지역	70%이하	900%이하
	유통상업지역	80%이하	1,100%이하
	전용공업지역	70%이하	300%이하
	일반공업지역		350%이하
	준공업지역		400%이하
	보전녹지지역	20%이하	80%이하
	생산녹지지역		100%이하
	자연녹지지역		100%이하
관리지역	보전관리지역	20%이하	80%이하
	생산관리지역	20%이하	80%이하
	계획관리지역	40%이하	100%이하
농림지역		20%이하	80%이하
자연환경보전지역		20%이하	80%이하

13. 일반시방서

1) 시방서의 의의

- 시방서는 공사시행에 관련된 제반규정 및 요구사항이나 설계도면에서 표기하기 어려운 사항을 설명하는 시공지침서로서 공사시행의 관계내용을 기록한 서류이며, 도급계약 서류의 일부가 된다. 시방서에는 표준시방서, 전문시방서, 공사시방서, 특별시방서 등이 있다.
- 일반적으로 사용재료의 재질·품질·치수 등, 제조·시공 상의 방법과 정도, 제품·공사 등의 성능, 특정한 재료·제조·공법 등의 지정, 완성 후의 기술적 및 외관상의 요구, 일반총칙 사항이 표시되어 도면과 함께 설계의 중요한 부분을 이룬다.

2) 시방서 내용

- 공사개요 및 시공에 대한 보충·주의 사항
- 시공방법의 정도, 완성 정도
- 시공에 필요한 각종 설비
- 재료 및 시공에 관한 검사
- 재료의 종류, 품질 및 용도

3) 효력 및 적용순위

- 효력: 공사의 설계도면과 시방서 내용에 차이가 발생된 경우에는 상호보완적인 효력을 지닌다.
- 적용순위: 현장설명서 → 공사시방서 → 설계도면 → 표준시방서 → 물량내역서

4) 시방서의 분류

① 표준시방서

■ 시설물의 안전 및 공사시행의 적정성과 품질확보 등을 위하여 시설물별로 정한 표준적인 시공기준이다.
■ 발주처 또는 설계 등 용역업자가 공사시방서를 작성할 때 기초자료로 이용된다.
■ 표준시방서는 강제성은 부여되지 않으나 적용 범위가 전체 공종을 포괄하는 대상으로 그 중요성이 크다.

② 전문시방서

■ 표준시방서를 기준으로 작성된다.
■ 시설물별 공종을 대상으로 특정한 공사의 시공 또는 공사시방서의 작성에 활용하기 위한 종합적인 시공기준이다.

③ 공사시방서

■ 표준시방서 및 전문시방서를 기본으로 작성된다.
■ 공사시방서는 당해 건설공사의 도급계약서류에 포함되는 계약문서로 강제기준으로서의 역할을 한다.
■ 공사시방서의 기술내용은 다음과 같다.
- 개별공사의 특수성·지역여건·공사방법 등을 고려하여 기본설계 및 실시설계도면에 구체적으로 표시할 수 없는 내용
- 시공순서 및 공사수행을 위한 시공방법
- 자재의 구성 및 규격·공법·사용법
- 품질시험 및 검사 등 품질관리, 안전관리계획
- 기타사항

④ 특별시방서

■ 일반시방서의 범위 안에서 전문적인 규정과 일반시방서에 규정되지 않은 특정 분

야의 특정 규범을 정한 시방서이다.

- 일반시방서의 내용과 특별시방서의 내용이 상이할 경우에는 특별시방서가 우선으로 하게 된다.

5) 시방서 작성요령

- 공법과 마감상태 등 정밀도를 명확하게 규정한다.
- 공사 전반에 걸쳐 중요 사항을 빠짐없이 기록한다.
- 간단명료하게 기술하고, 명령법이 아닌 서술법으로 한다.
- 설계도면의 내용이 불충분한 부분은 충분히 보충설명을 한다.
- 재료의 품목을 명확하게 규정하고, 선정에는 신중을 기한다.
- 중복기재를 피하고, 설계도면과 시방서 내용이 상이하지 않도록 한다.

6) 시방서 작성순서

- 시방서의 작성순서는 공사 진행순서와 일치하도록 한다.

14. 조경공사 표준시방서

1) 적용범위

- 조경공사를 시행함에 있어서 적용하여야 할 공사시방과 계약문서, 설계도서 등의 통일적인 해석과 운용에 필요한 사항을 제시한다.

2) 용어정리

- 발주자: 해당공사의 시행주체로서 공사를 시행하기 위하여 입찰을 부여하거나 공사를 발주하고 계약을 체결하여 이를 집행하는 자를 말한다.

- 수급인: 공사에 관해 발주자와 도급계약을 체결한 자 또는 회사를 말하며, 기타 규정에 의거 인정된 수급인의 대리인과 승계인을 포함한다.
- 하수급인: 수급인으로부터 건설공사를 하도급 받은 자를 말한다.
- 감독자: 공사감독을 담당하는 자로서 발주자가 수급인에게 감독자로 통고한 자와 그의 대리인 및 보조자를 포함한다. 발주자가 감리원을 선정한 경우에는 감리원이 감독자를 대신한다.
- 감리원: 발주자의 위촉을 받아 공사의 시공과정에서 발주자의 자문에 응하고 설계도서 대로의 시공 여부를 확인하는 등의 감리를 행하는 자를 말한다.
- 현장대리인: 관계법규에 의하여 수급인이 지정하는 책임 시공기술자로서 그 현장의 공사관리 및 기술관리, 기타 공사업무를 시행하는 현장요원을 말한다.
- 계약문서: 계약서, 설계서, 공사입찰유의서, 공사계약 일반조건, 공사계약 특수조건 및 산출내역서를 말한다.
- 설계서: 공사시방서, 설계도면, 물량내역서, 현장설명서 및 질의응답서를 말한다.
- 지시: 감독자(발주자, 감리원)가 현장대리인(수급인)에게 권한의 범위 내에서 필요사항을 지시하고 실시하게 함을 말한다.
- 승인: 수급인(현장대리인)으로부터 요청된 사항에 대해 감독자(발주자, 감리원)가 권한의 범위 내에서 서면으로 허락함을 뜻한다.
- 협의: 감독자(발주자, 감리원)와 현장대리인(수급인)이 대등한 입장에서 합의함을 뜻한다.
- 유지관리: 시공 중의 각 공정별 유지관리와 부문공사 완료 후 준공시점까지의 유지관리, 준공 후 일정기간의 유지관리와 별도의 계약조건에 의한 조경유지관리 공정에서 행하여지는 유지관리를 말한다.

3) 조경공사 표준시방서

① 정지

㉠ 표토 모으기 및 활용

- 조경공사 시 수목식재 및 생태복원녹화에 알맞은 토양의 채취, 운반, 포설, 보관 등에 적용하며, 식물생장에 적합한 표토의 구분은 유기물, 무기물, 유해한 물질의 존재 여부 및 총량 등으로 결정
- 표토채집은 분포현황을 사전에 조사하여 위치도, 현황사진, 채집예정일, 예상물량, 채집방법 등을 기록한 보고서를 감독자에게 제출하여 승인받아야 하고, 채집 대상 표토의 토양산도(pH)가 5.6~7.4가 되도록 하여 사용한다.
- 강우로 인하여 표토가 습윤 상태인 경우 채취 작업을 피하며 먼지가 날 정도의 이상 조건일 경우 감독자와 작업시행 여부에 대하여 협의하고, 지하수위가 높은 평탄지에서는 가능한 한 채취를 피한다.
- 가적치 기간 중에는 표토의 성질변화, 바람에 의한 비산, 적치표토의 우수에 의한 유출, 양분의 유실 등에 유의하여 식물로 피복하거나 비닐 등으로 덮어 주어야 하며, 가적치 장소는 배수가 양호하고 평탄하며 바람의 영향이 적은 장소를 선택한다.
- 가적치의 최적두께는 1.5m를 기준으로 하며 최대 3.0m를 초과하지 않는다.
- 운반거리를 최소로 하고 운반량은 최대로 한다.
- 토양이 중기사용에 의하여 식재에 부적당한 토양으로 변화되지 않도록 채취, 운반, 적치 등의 적절한 작업순서를 정한다.
- 수목식재 시 식재수목의 종류에 따라 적정한 두께로 펴주며, 하층토와 복원표토와의 조화를 위하여 최소한 깊이 0.2m 이상의 지반을 경운한 후 그 위에 표토를 포살한다.
- 표토의 다짐은 수목의 생육에 지장이 없는 정도로 시행한다.

㉡ 마운딩 조성

- 마운딩 조성에 사용하는 토양은 표토를 원칙으로 하며 표토가 없는 경우에는 양질

의 토사를 활용한다.

■ 마운딩 조성 시에는 부등침하가 발생하지 않도록 공사시방서에서 정한 소정의 다짐을 실시한다.

■ 마운딩 형태는 공사시방서 또는 설계도면에 따라 최대한 자연스러운 경관이 나타날 수 있도록 완만한 구릉을 조성하는 것을 원칙으로 한다.

■ 마운딩은 우수의 흐름이 정체되지 않고 배수계통으로 출수되도록 시공하며, 강우 시 토사가 유실되지 않도록 유의한다.

■ 외부반입토를 사용하여 마운딩을 조성할 때에는 사전에 감독자의 승인을 얻는다.

■ 공사시방서 또는 설계도면 등에 명시되지 않은 경우 마운딩의 기울기는 10~30°를 표준으로 하되 최소 5° 이상을 유지하는 것을 원칙으로 한다.

ⓒ 토양의 심도

■ 식재 시 필요로 하는 일반토양의 최소깊이는 다음의 생육심도를 원칙으로 한다.

구 분	토양심도(m)		비고
	생존 최소 심도	생육 최소 심도	
잔디, 초본류	0.15	0.30	
소 관 목	0.30	0.45	
대 관 목	0.45	0.60	
천근성교목	0.60	0.90	
심근성교목	0.90	1.50	

ⓡ 쓰레기매립장 식재기반 조성

■ 지반안정 및 침술수의 치수는 설계도면에 따라 시행한다.

■ 매립층 바닥면 중앙부는 주변지역보다 3~4° 정도 높게 조성하여 침출수가 일정 지역에 고이는 것을 방지한다.

■ 합성차수막 집합시의 최소 접합폭은 다음과 같다.

합성차수막	최소접합폭(mm)		비 고
	공장접합	현장접합	
H.D.P.E	2.5	2.5	
C.P.E	4.0	7.5	
C.S.P.E	4.0	7.5	
P.V.C	2.0	5.0	

- 악취가 심하게 발생할 경우에는 최종 복토를 3m 이상으로 하여 악취 성분의 유출을 최소화 한다.
- 포집된 가스를 대기확산희석방법으로 처리할 경우에는 메탄가스(CH_4) 농도가 안전사고 및 주변수목에 문제없도록 시행한다.
- 가스포집관으로부터 300m 이내에는 폐쇄된 구조물을 설치하지 않는 것을 원칙으로 한다.
- 침하를 고려한 여성토의 높이는 공사시방서에서 따로 정한 경우를 제외하고는 소요높이의 20%를 기준으로 한다.
- 모관수의 공급차단이 예상되는 경우에는 공사시방서에서 언급한 경우를 제외하고는 매립 최종선으로부터 2.5m 이상의 높이로 흙쌓기함을 원칙으로 한다.

ⓜ 임해매립지 식재기반조성

- 지하수위 조정은 수목의 뿌리분으로부터 지하 1.3~1.5m 범위 내에서 설치함을 원칙으로 한다.
- 강한 바람이 부는 곳은 감독자와 협의하여 토양수분의 증발을 억제할 수 있는 방풍망 등을 조치하며, 방풍망은 풍압에 의해 전도되지 않도록 설계도서에 따라 최대 풍압에 견딜 수 있는 구조로 설치한다.
- 제염제는 토양의 조건, 작업환경, 작업방법 등에 따라 감독자와 협의하여 선정한다.

■ 석고를 사용하여 제염하는 경우에는 공사시방서에 따르되 석고의 응결방지를 위하여 일정량을 수차례 나누어 살포한다.
■ 제염을 위한 세척수는 제염대상지 토양을 포화시킨 후 토양을 투과하여 씻어낼 수 있는 충분한 양으로 실시한다.
■ 준설토의 배수상태가 불량한 곳은 투수성 향상을 위해 조치한다.
■ 맹암거 설치의 간격과 깊이는 설계도면을 따르되 현장여건을 검토·반영한다.
■ 흙쌓기 가능 지역의 경우 매립 흙쌓기로 인한 침하를 고려하여 흙쌓기 소요높이의 15~20%를 가산하여 매립 흙쌓기하며 최소 흙쌓기 높이는 1.5m르 한다.
■ 흙쌓기가 불가능한 지역에의 경우에는 생육토심를 기준의 1.2배 깊이를 양질의 토양으로 객토하되 철저히 배수 처리되도록 한다.

ⓗ 인공식재기반조성
■ 식물의 생육에 지장을 주는 지상 또는 지하구조물의 식재기반조성에 적용한다.
■ 사용되는 토양은 일반토양, 혼합토양, 인공토양을 사용하며, 인공토양의 경우 식물생육에 필요한 양분(N, P, K 및 Mg, Ca, Na 등의 미량원소)이 고루 함유되어야 하며 흙 및 기타 불순물이 포함되지 않고, 경량이며 보수성, 통기성, 배수성, 보비성을 지녀야 한다.
■ 시공 전 설계도면과 현장여건을 확인하여 작업에 영향을 줄 수 있는 정적하중, 이동하중, 동하중, 수목성장에 따른 하중 등에 대한 전반적인 검토 후 작업에 임한다.
■ 옥상 등 위험지역에서 시공할 때에는 안전사고 예방을 위하여 안전시설설치 등 제반 조치를 한다.
■ 공사착수 전 인공지반에 기 조성된 플랜트 박스는 내부의 굴곡과 요철상태를 정리하고 이물질을 제거하여 배수구의 막힘을 사전에 방지한다.
■ 인공식재기반조성작업을 위해 필요한 경우 임시 관수시설을 준비하고 비산방지를 위해 지표면의 안정을 도모한다.

■ 각종 관부설 또는 시설물공사 등으로 인하여 방수막이 파괴되지 않도록 하며, 특히 식재지는 방수막 파괴를 방지하기 위한 보호모르타르 등의 보호층을 설치한다.

■ 콘크리트의 팽창, 수축 및 기타 요인 등으로 인한 균열로 방수막이 훼손되지 않도록 조치한다.

■ 콘크리트 슬래브의 바닥면은 지정 배수기울기를 확보하고 완전 방수처리 되도록 하며, 토사로 묻히는 측벽은 토사층보다 높은 곳까지의 벽면을 방수 처리한다.

■ 식재층의 바닥면은 2% 이상의 기울기를 갖도록 한다.

■ 배수층을 구성하는 배수판, 배수관, 경량골재 등은 설계도면에 명기된 것을 사용한다.

■ 토양 유실 및 배수구 막힘을 방지하기 위하여 부직포 등을 기설치한 배수층 전체에 이음매가 0.3m 정도 겹치도록 시공·부설하며, 특히 측벽높이의 1/2 이상 높이까지 올려 토양유실을 차단한다.

■ 부직포는 주름지지 않도록 부설해야 하며, 7일 이내에 빨리 식재토양을 덮어야 한다.

■ 인공토양의 식재 토심은 배수층의 두께를 제외한 다음의 기준이 원칙이다.

종 류	인공토양 심도(m)	비 고
잔디, 초본류	0.1 이상	
소 관 목	0.2 이상	
대 관 목	0.3 이상	
교 목	0.6 이상	

■ 일반토양 또는 천연골재의 사용으로 인공지반에 구조적 결함이 발생할 우려가 있는 경우에는 경량재를 혼합하여 사용하거나 인공토양을 사용한다.

■ 인공토양은 시공 시 분진발생 및 비산을 억제하기 위하여 일정량의 수분을 함유하고 있어야 하며, 필요 시 살수와 피복시설 등을 하여야 한다.

■ 건조의 피해에 대비한 관수시설을 별도 명기되지 않은 경우의 관수량은 1회에

30mm, 살수강도 10mm/h를 기준으로 한다.

- 인공지반에 식재하는 수고 1.2m 이상의 수목은 바람의 피해를 고려하여 지지시설을 설치한다.

② 관수 및 배수

㉠ 관망설치

- 관수시설의 배관은 현장여건을 고려하여 최소 수량의 연결관을 사용한다.
- 관설치 시 공기가 잔류할 수 있는 높은 지점이나 역류를 유발시키지 않도록 유의한다.
- 동결심도 이하에 매설해야 하며 간선과 가압관은 최소 0.6m 이하, 지선과 보통관은 0.3m 이하의 깊이로 매설한다. 차량이동지역이나 기타 상부에 하중이 예상되는 곳은 설계도면에 따라 보호블록을 설치한다.
- 타 용도의 관과 동종의 관 사이 간격은 최소 0.15m 이상을 유지해야 하며, 수직 직선상이 아닌 수평으로 나란히 붙어야 하고 관수관은 상수관보다는 아래에, 오수하수관의 상부에 위치한다.
- 관망이 매설된 곳에는 하부에 관개시설이 매설되어 있음을 경고(경고: 아래 관개시설 주의)해 주는 넓이 50mm의 붉은색 플라스틱 테이프를 그 상부 0.2~0.3m에 같은 방향으로 매설한다.
- 관을 설치한 후에는 관 주위를 모래로 채우고 물다짐한 후 상부를 최고 0.3m 깊이로 양질의 사토로 되메우기하고 콤팩터로 다짐한다.
- 도로, 보도, 포장지역 등의 하부로 관로가 통과할 경우에 정확한 위치에 슬리브(Sleeve)를 그 폭보다 양쪽으로 0.3m 이상 여유를 두어 설치한다.

㉡ 수압시험

- 모든 관수관망의 압력 및 누수시험은 관설치 후 되메우기를 하기 전, 모든 기구의

부착이 끝난 후에 감독자 입회하에 실시한다.

- 전 구간을 한꺼번에 실시할 수 없을 때는 구간별로 실시하고, 그 연결 부위는 전체 구간시험을 할 때 확인한다.
- 시험은 24시간 동안 잔류공기 없이 완전히 물로 채워져 있어야 하며. 시험중에 0.49MPa(5kgf/㎠)이상에 해당되는 정압력하에서 4시간 동안 누수되지 않아야 한다.
- 시험압력은 임시펌프를 사용하여 상승시키고 시험하는 동안 모든 밸브는 2~3번씩 개폐하여 확인한다.
- 연결부위 및 장치가 설치된 부위는 조심스럽게 살펴야 하며, 누수가 발견되면 시험에 만족한 결과를 얻을 때까지 재시공한다.

㉢ 살수기

- 식생의 관수요구량, 식재지의 여건, 토양수분의 침투율과 급수의 흐름 및 압력 등을 고려하여 선정하되 충격에 강한 재질이어야 하며, ±20%의 수압변화에도 설계토출량이 분사 가능하다.
- 분무살수기의 재원은 다음 범위로 하며, 외부노출 고정식으로서 잔디, 관목 등이 도입된 소규모 식재지역에 적용한다.

- 작동압력 : 0.1~0.2MPa(1~2kgf/㎠)
- 살수직경 : 6~12m
- 살수량 : 25~50mm/h

- 분무입상살수기는 작동원리가 분무살수기와 동일하며 동체가 물이 나올 때만 입상관에 의해 지표상 위로 올라오고 평상시에는 외부에 노출되지 않아야 한다.
- 회전살수기는 분사작용, 충격작용, 마찰운동 또는 전동운동에 의해 회전시켜 살수하는 기구로써 다음 범위로 하며 관목, 지피류 및 잔디가 도입된 식재지역에 적용한다.

- 작동압력 : 0.2~0.6MPa(2~6kgf/㎠)
- 살수직경 : 24~60m
- 살수량 : 2.5~12.5mm/h

㉣ 낙수기

■ 교목 주위, 실내조경식물의 뿌리 부위에 집중적인 관수가 요구되는 지역에 사용한다.

■ 낙수기의 제원은 다음 범위로 하고 설치 위치와 방법은 승인된 시공상세도에 따른다.

- 작동압력 : 0.1~0.2MPa(1~2kgf/㎠)(±10%의 수압변화에 출수량이 일정해야 한다.
- 출수공 : 1~6개 공
- 낙수량 : 1~5ℓ /h

■ 누수 및 표면유수가 발생하지 않도록 설치하여야 하며 토출량을 조절한다.

㉥ 천연잔디구장, 쓰레기매립장 등 심토층 배수

■ 심토층 집수정에 유입되는 물은 유출구보다 최소 0.15m 높게 설치한다.

■ 배수관의 기초는 하중을 균등하게 분포시킬 수 있어야 하고, 기초에 콘크리트를 사용하지 않을 때는 잘 고르고 양질의 부드러운 모래나 흙을 깔고 잘 다져야 한다.

■ 관은 하류측 또는 낮은 쪽에서부터 설치하며, 관에 소켓이 있을 때는 소켓이 관의 상류쪽 또는 높은 곳으로 향하도록 설치한다.

■ 토양분리포, 부직포는 유공관 표면 혹은 유공관 주위의 여과골재와 외부의 일반토양과 분리 및 배수층으로 설치한 골재 또는 배수판 상부의 토양층과 분리시키기 위하여 사용하며 연결부위는 최소 0.2m 이상이 겹치도록 한다.

■ 배수판을 인공지반 위에 설치할 때는 설치면이 평활하고 일정방향으로 0.5% 이상

의 기울기를 두어 집수정까지 자연배수가 되도록 하며 지반이 일반토사인 경우에는 토양분리포를 깔거나 배수판이 지지될 수 있도록 별도의 배수층을 설치한다.

- 다발관을 설치한 경우 부직포 위에 채움재를 약 0.05~0.1m 정도 고르게 펴서 다진 후 설치하고 연결 부위부터 채움재를 덮어 다발관의 움직임을 방지한다.
- 채움재는 설계도면에 명시된 골재(ø20~30mm의 자갈, 쇄석, 잡석)로 충분히 충진하여 채운다.

③ 조경구조물

㉠콘크리트

- 시멘트는 소량이라도 응고한 시멘트를 사용해서는 안 되며, 저장은 방습구조의 사일로 또는 창고에 품종별로 구분하여 저장하고 입하 순으로 사용한다.
- 포대 시멘트는 지상 0.3m 이상에 있는 마루에 13포대 이하로 쌓아 올려서 검사나 반출에 편리하도록 배치·저장한다.
- 골재는 깨끗하고 강하며 내구성이 좋고 적당한 입도를 갖는 동시에 흙, 먼지, 유기불순물, 염분 등의 유해물질을 함유해서는 안 된다.
- 골재의 보관은 잔골재와 굵은 골재 및 종류와 입도가 다른 골재를 각각 구분하여 보관한다.
- 레디믹스트콘크리트는 포함된 염소이온농도가 기준농도 이하이어야 하며, 비빔을 개시한 후 1.5시간 이내에 칠 수 있도록 운반하여야 한다.
- 특별한 사정으로 즉시 콘크리트를 칠 수 없는 경우, 비비기로부터 치기를 마칠 대까지의 시간은 외기온도 25℃ 이상의 경우 1.5시간, 25℃ 이하일 경우 2시간을 초과하지 않도록 한다.
- 일평균기온이 4℃ 이하로 예정된 시기에는 콘크리트의 시공에 대하여 적절한 보온조치를 한다.
- 철근은 조립하기 전에 녹이나 먼지, 기름 등을 제거하고 청소한 뒤에 사용하여야

하며, 직접 땅에 닿지 않도록 적절한 보관시설에 저장하거나 덮어야 한다.

- 목재 및 합판 거푸집을 재사용할 때에는 깨끗하게 청소한 뒤 콘크리트와 접하는 면에 광유 등 박리제를 균일하게 도포하여 사용한다.

㉡ 벽돌쌓기

- 벽돌에 부착된 불순물은 제거하고 사전에 물 축이기를 한다.
- 착수 전에 벽돌나누기를 하고, 세로줄눈은 특별히 정한 바가 없는 한 통줄눈이 되지 않도록 쌓는다.
- 줄눈 모르타르는 접합면 전체에 고루 배분되도록 하고 줄눈 폭은 특별히 정하지 않는 한 10mm로 한다.
- 벽돌쌓기가 끝나면 곧바로 줄눈용 시멘트로 줄눈 메우기하고 청소한다.
- 1일 쌓기 높이는 1.2m를 표준으로 하고 최대 1.5m 이내로 하며, 이어쌓기 부분은 계단형으로 마감한다.

㉢ 돌쌓기

- 돌쌓기는 특별히 명시하지 않는 한 찰쌓기로 하며, 찰쌓기의 전면기울기는 높이 1.5m까지는 1:0.25, 3.0m가지는 1:0.30, 5.0m까지는 1:0.35를 기준으로 한다.
- 시공에 앞서 돌에 부착된 이물질을 제거하고, 쌓기는 뒷고임돌로 고정하고 콘크리트로 채워가며 쌓되, 맞물림 부위는 견칫돌의 경우 10mm 이하, 막깬돌 쌓기에는 25mm 이하를 표준으로 한다.
- 뒷면 배수를 위한 물빼기 구멍의 위치 및 구조는 특별히 정한 바가 없는 경우에 직경 50mm의 경질염화비닐관(PVC관)을 사용하여 3㎡당 1개소의 비율로 근원부가 막히지 않도록 설치한다.
- 1일 쌓기 높이는 1.2m를 표준으로 하고 최대 1.5m 이내로 하며, 이어쌓기 부분은 계단형으로 마감한다.

■ 신축줄눈은 특별히 정하는 바가 없는 경우에는 20m 간격을 표준으로 하여 찰쌓기의 높이가 변하는 곳이나 곡선부의 시점과 종점에 설치한다.
■ 메쌓기의 경우 맞물림 부위는 10mm 이내로 하며, 해머 등으로 다듬어 접합시키고, 맞물림 뒷틈 사이에는 조약돌을 괴고, 그 사이와 뒷면에 채움용 잡석을 충분히 채워야 한다.
■ 메쌓기의 전면기울기는 높이 1.5m까지는 1:0.30, 3.0m까지는 1:0.35, 5.0m까지는 1:0.40을 기준으로 한다.
■ 메쌓기는 줄쌓기를 원칙으로 하여 1일 쌓기 높이는 1.0m 미만을 기준으로 한다.
■ 벽돌쌓기는 줄쌓기를 원칙으로 하고 튀어나오거나 들어가지 않도록 면을 맞추고 양 옆의 돌과도 이가 맞도록 하여야 한다.

㉣ 담장

■ 담장이 대지경계선에 연하여 설치되는 경우에는 경계표시 측량으로 확정된 경계에 따라 설치하되, 담장기초가 경계 밖으로 나가지 않도록 해야 하며, 기존 도로에 연해서 담장을 설치할 경우에는 터파기로 인해 기존의 도로시설물이 파손되지 않도록 주의해야 한다.
■ 담장의 기초지반은 부등침하가 없도록 충분히 다져야 하며 최소 6m 간격으로 동결심도 이하로 기초보강을 하여야 한다.
■ 비탈면에 시공하는 벽돌 및 블록담장의 경우 상단이 수평으로 유지되도록 기울기에 따라 계단식으로 마감하여야 한다.
■ 치장 쌓기의 경우 기초 부위가 노출되지 않도록 치장면이 지면에 0.1m 이상 묻히도록 한다.
■ 벽면은 기울어짐이 없도록 일정구간마다 지지를 위한 기둥이나 그와 유사한 구조로 보강한다.
■ 담장의 길이가 30m를 넘는 경우 20~30m 간격으로 신축이음을 두어야 한다.

④ 조경포장

㉠ 원지반 정지 및 흙다짐

- 원지반 정지 및 흙다짐은 운동장 녹지, 공원산책로 등의 개설, 정지 및 흙다짐으로 마감되는 포장공사에 적용한다.
- 모든 토공사가 완료된 후 인접한 배수시설과 구조물공사 및 뒷채움이 끝난 다음에 실시한다.
- 원지반 포장지역의 토질은 점토성분이나 사력, 암 또는 유기물 함량이 과다하지 않아야 하고, 그렇지 않은 경우 양질의 토사로 치환하여야 한다.
- 표면에 노출된 이물질은 깨끗하게 가려내어 외부반출처리하고 표면배수를 고려하여 평탄하게 고르기하여야 한다.
- 포장마감면은 주변경계블록 계획고 및 포장계획고를 감안하여 자연스런 표면배수 기울기가 되도록 조정한다.
- 다짐 시 다짐대상지반이 최적함수비 상태의 작업이 되도록 시행하며 집수정, 구조물 주변 등과 같이 다짐이 어려운 지역은 소형 평면다짐기 또는 인력다짐으로 철저히 다져야 한다.
- 산책로 개설을 위해 필요 시 벌개제근 작업을 시행하여야 하고 기존의 양호한 수목들의 훼손이 최소화될 수 있도록 임간 사이로 개설하는 등의 방법으로 시행한다.
- 산책로 조성 구간 내에 강우에 의한 표토 유실 또는 세굴현상이 있거나 예상될 때 우수처리계획을 수립·시행한다.

㉡ 조립블록 문양포장

- 보차도용 콘크리트 인터로킹 블록과 포장용 점토블록의 형상, 규격 및 색상은 설계도면에 의한다.
- 블록깔기용 모래의 입도는 2~8mm, 블록 줄눈채움용 고래의 입도는 3mm 이하를 기준으로 한다.

- 기층 및 보조기층용 골재는 견고하며, 내구적인 부순돌 또는 부순자갈, 기타의 승인을 받은 것으로 하고 보조기층용 골재의 최대입경은 50mm 이하로 하되, 유기물이나 불순물을 함유해서는 안 된다.
- 기초의 침하가 발생하지 않도록 충분히 다지고 평탄하게 하여야 하되, 흙쌓기 지반의 경우 균등한 지지력을 얻을 수 있도록 0.6톤 이상의 진동롤러로 전압하여 부등침하가 일어나지 않도록 하여야 한다.
- 블록을 깔기 전 보조기층의 다짐 후 두께는 주차장 또는 차도지역은 0.15m, 보도포장지역은 0.1m로 한다. 이때 다짐도는 90% 이상으로 한다.
- 블록의 설치는 보행 또는 차량의 진행방향을 기준으로 설계도면에 명시된 문양으로 마감부부터 연속적으로 포설하여야 한다. 이때 블록과 블록 사이의 간격은 2~5mm를 기준으로 한다.
- 곡선 부위나 블록을 절단하여 시공해야 할 경우에는 절단기로 정교하게 절단하여 정밀 시공하여야 하며, 블록을 깐 뒤에 모래를 표면에 골고루 깔고, 블록 사이에 모래가 완전히 채워지도록 비로 쓸어 넣고 평면 진동기로 표면을 고르게 다진다. 이때 경계석이나 인접한 구조물에 손상을 주지 않도록 주의한다.

ⓒ 우레탄 포장

- 육상경기장, 테니스장, 롤러스케이트장, 배구장, 배드민턴장 등의 운동장 및 광장 등의 우레탄 바닥포장에 적용한다.
- 기층 부분은 일반포장의 경우와 같이 하여 설계도서의 지시대로 충분히 다져야 하며, 표면은 평평하게 골라야 한다.
- 프라이머 도포시공 시 화기에 주의해야 하며, 프라이머를 완전히 건조시켜 경화 후에 후속작업을 시행하여야 한다.
- 혼합교반은 1회 사용량을 가사시간 내에 사용할 수 있는 양으로 하여야 하며, 제조업체의 제품 시방서에 따라 기포가 흡입되지 않게 균일한 혼합교반이 되도록 하

여야 한다.

- 우레탄 도포의 우레탄 1회 시공두께는 5.5mm 이상 초과해서는 안 되며, 소정의 두께가 나올 때까지 수 회 되풀이 시공하며, 2회 차 도포 시 균일도포를 위해 1회 도포와 직각방향으로 도포하고 규정된 재도포 시간간격을 준수해야 한다.
- 우레탄 마감처리공사가 완료된 후 7일 이상 양생하여야 하며, 하중을 동반하는 통행이 없도록 조치하여야 한다.

㉣ 인조잔디포장

- 운동장, 실내골프장, 광장, 눈썰매장 등의 인조잔디 포장에 적용한다.
- 인조잔디는 폴리아미드, 폴리프로필렌, 기타 섬유로 만든 직물에 일정 길이의 솔기를 단 기성품으로 하되, 각 롤의 섬유는 동일한 염료이어야 한다.
- 기층부는 콘크리트포장의 경우와 같이 하고 암거, 측구 등을 설치하여 배수가 잘 되도록 한다.
- 바닥은 요철이 없도록 고르게 다듬어야 하고, 접착제의 접착효과가 저하되지 않도록 오물, 먼지, 물기, 녹 등을 제거한다.
- 접착제는 고르게 도포하여야 하며, 시공 중 부주의로 접착제를 잔디면에 엉키지 않도록 한다.
- 외기온도 10℃ 이하 또는 습기가 많은 상태에서는 접착제의 접착력이 저하될 우려가 있으므로 감독자와 협의하여 공사를 진행한다.
- 접착시킨 후 롤러로 고르게 문질러서 접착면에 틈새가 생기기 않도록 한다.
- 롤러로 전압한 후에도 틈새가 생길 우려가 있는 곳은 무거운 것으로 눌러 고정시킨다.
- 옥상 부위에 설치하는 경우에는 특히, 불고임으로 인하여 건물에 손상을 줄 우려가 있으므로 바닥면에 기울기를 두어 배수가 잘 되게 한다.

ⓜ 고무블럭포장

- 고무블럭은 충격흡수재와 내마모성 표면재를 조합 또는 균일재료를 이중으로 조밀하게 하고 내마모성 표면재를 상부로 하여 하나의 재료로 구성시켜 공장 성형한 것으로 품질기준 이상이다.
- 원지반다짐 후 콘크리트 포장에 준하여 지정된 두께로 콘크리트를 치고 양생한 다음 바탕 위에 고무바닥타일을 완전히 접착 마감하며, 구조물에 접하여 도려낸 부위의 틈새는 최소가 되도록 하고, 틈새 폭이 10mm를 넘는 경우 걷어내고 다시 깔도록 하며, 틈새는 실링재로 채워 마감한다.

⑤ 식재

㉠ 수목굴취

- 수목 굴취 시 수고 4.5m 이상의 수목은 감독자와 협의하여 가지주를 설치하고 가지치기, 기타 양생을 하여 작업에 착수한다.
- 표준적인 뿌리분의 크기는 근원직경의 4배를 기준으로 하며, 분의 깊이는 세근의 밀도가 현저히 감소된 부위로 한다.
- 표준규격을 벗어나거나 뿌리분을 만들 필요가 없다고 판단되는 경우에는 감독자와 협의하여 승인 받아야 하며, 기계굴취의 경우 기계에 의해 굴취수목이 손상되지 않도록 주의한다.
- 뿌리분의 둘레는 원형으로, 측면은 수직으로, 저면은 둥글게 다듬는다.
- 뿌리분의 외부로 돌출한 굵은 뿌리는 약간 길게 톱질하여 자르며 절단면은 거적 등으로 충분히 양생하고 세근이 밀생한 곳은 이를 뿌리분에 붙여 보존한다. 절단된 뿌리부분이 일그러지거나 깨지는 등 손상을 받는 곳은 예리한 칼로 절단하고 석회유황합제 등으로 방부 처리한다.
- 뿌리분은 분이 부서지지 않도록 결속재료로 잘 고정시켜서 뜨도록 한다.
- 지엽이 지나치게 무성한 수목은 굴취 시 수형의 기본형이 변형되지 않는 범위 내

에서 지엽을 정리하고, 필요한 경우 증산억제제 등의 약품을 처리하여 증산억제 및 운반에 도움이 되도록 한다.

- ■ 운반에 지장을 받지 않는 범위 내에서 가지를 새끼, 밧줄 등으로 잡아맨다.
- ■ 굴취 후 지반을 고르게 정리하고 정리방법에 대해서는 감독자의 지시에 따른다.

㉡ 수목운반

- ■ 포장, 굴취장 등으로부터 공사 현장까지의 원거리운반과 가식장, 하차장 등에서 식재 위치까지의 근거리운반 등 수목의 제반 운반 작업에 적용한다.
- ■ 운반에 사용되는 기기는 체인블록, 크레인, 운반차량이 있다.
- ■ 결속·완충재는 새끼, 철선, 고무바, 가마니, 보습재, 기타 보토재료 등이다.
- ■ 운반 시에는 수목에 손상을 주지 않도록 주의하여 운반하고 필요에 따라 새끼, 밧줄 등으로 감거나 건조방지를 위하여 거적, 시트 등으로 덮어 보호한다.
- ■ 운반 중 회복 불가능한 손상을 입거나 가지가 부러져 원형을 심하게 손상된 수목은 동종규격품으로 교체하고, 경미한 가지 부러짐 등에 대해서는 감독자의 지시에 따라 조치한다.
- ■ 수목의 상하차는 인력에 의하거나 대형목의 경우 체인블록이나 크레인 등 중기를 사용하여 안전하게 다룬다.
- ■ 운반 중 뿌리와 수형이 손상되지 않도록 다음과 같이 보호조치를 한다.

– 뿌리분의 보토를 철저히 한다.

– 세근이 절단되지 않도록 충격을 주지 않도록 한다.

– 가지는 간편하게 결박한다.

– 이중적재를 금한다.

– 비포장도로로 운반할 때는 뿌리분이 충격을 받지 않도록 흙, 가마니, 짚 등 완충재료를 깐다.

– 수목과 접촉하는 고형부는 완충재를 삽입한다.

– 운반 중 바람에 의한 증산을 억재하며 강우로 인한 뿌리분의 토양 유실을 방지하기 위하여 덮개를 씌우는 등의 조치를 취한다.
– 차량의 용량과 수목의 무게 및 부피에 따라 적정 수량만을 적재한다.

ⓒ 수목가식

■ 가식장소는 공사시방서에 정하는 바가 없을 때에는 사질양토로서 배수가 잘 되는 곳으로 하여야 하며 배수가 불량할 때에는 배수시설을 한다.
■ 가식수목간에는 원활한 통풍을 위하여 충분한 식재간격을 확보한다.
■ 가식장은 관수 등 가식기간 중의 관리를 위한 작업통로를 설치한다.
■ 가식수목의 뿌리분은 충분히 복토하여 분이 공기중에 노출되지 않도록 한다.
■ 가식 후에는 뿌리분 주변의 공기가 완전히 방출되도록 충분히 관수한다.
■ 가식장의 외주부 수목은 가지주 혹은 연결형 지주를 설치하여 수목이 바람 등에 흔들리지 않도록 한다.

ⓡ 수목재료의 측정기준

■ 검사는 재배지에서의 사전검사와 지정장소 반입 후 검사로 구분하여 시행한다. 사전검사에 합격해도 굴취, 운반 등의 취급이 나쁘거나 굴취 후 장기간이 경과한 것은 지정장소 검사에서 합격품으로 인정하지 아니한다, 다만 경우에 따라서는 재배지에서의 사전검사를 생략할 수 있으며, 야생수목은 굴취 시에 검사하여 사전검사로 대신할 수 있다.
■ 수고(H)는 지표에서 수목 정상부까지의 수직거리를 말하며, 도장지는 제외한다. 단 소철, 야자수 등 열대·아열대 수목은 줄기의 수직높이를 수고로 한다(단위: m).
■ 흉고직경(B)은 지표면에서 1.2m 높이의 수간직경을 말한다. 다만 둘 이상으로 줄기가 갈라진 수목의 경우는 다음과 같다(단위: cm).
– 각 수간의 흉고직경 합의 70%가 그 수목의 최대 흉고직경보다 클 때에는 흉고직

경 합의 70%를 흉고직경으로 한다.

- 각 수간의 흉고직경 합의 70%가 그 수목의 최대 흉고직경보다 작을 때는 최대 흉고직경을 그 수목의 흉고직경으로 한다.

■ 근원직경(R)은 수목이 굴취되기 전 재배지의 지표면과 접하는 줄기의 직경을 말한다. 가슴높이 이하에서 줄기가 여러 갈래로 갈라지는 성질이 있는 수목인 경우 흉고직경 대신 근원직경으로 표시한다(단위: cm).

■ 수관폭(W)은 수관의 직경을 말한다. 타원형 수관은 최대층의 수관축을 중심으로 한 최단과 최장의 폭을 합하여 나눈 것을 수관폭으로 한다(단위: m).

■ 수관길이(L)는 수관의 최대길이를 말한다. 특히 수관이 수평으로 생장하는 특성을 가진 수목이나 조형된 수관인 경우 수관길이를 적용한다(단위: m).

■ 지하고는 지표면에서 역지 끝을 형성하는 최하단 지조까지의 수직거리를 말하며, 능수형은 최하단의 지조 대신 역지의 분지된 부위를 채택한다.

■ 수목 규격의 허용차는 수종별로 −5~−10% 사이에서 여건에 따라 발주자가 정하는 바에 따른다. 단 허용치를 벗어나는 규격의 것이라도 수형과 지엽 등이 지극히 우량이거나 식재지 및 주변 여건과 조화될 수 있다고 판단되어 감독자가 승인한 경우에는 사용할 수 있다.

㉤ 수목의 규격 표시

ⓐ 교목의 규격 표시

■ 「수고(m)×흉고직경(cm)」으로 표시하며, 필요에 따라 수관폭, 수관의 길이, 지하고, 뿌리분의 크기, 근원직경 등을 지정할 수 있다. 근원직경으로 규격이 표시된 수목은 수종의 특성에 따른 「흉고직경−근원직경」 관계식을 구하여 산출하되, 특별히 관련성이 구해지지 않은 경우 R=1.2B의 식으로 흉고직경을 환산·적용할 수 있다.

■ 곧은 줄기가 있는 수목으로서 흉고부의 크기를 측정할 수 있는 수목은 「수고(H,

m)×흉고직경(B, cm)」 또는 「수고(H, m)×수관폭(W, m)×흉고직경(B, cm)」으로 표시한다.

- 줄기가 흉고부 아래에서 갈라지거나 다른 이유로 흉고부의 크기를 측정할 수 없는 수목은 「수고(H, m)×근원직경(R, cm)」 또는 「수고(H, m)×수관폭(W, m)×근원직경(R, cm)」으로 표시한다.
- 상록수로서 가지가 줄기의 아랫부분부터 자라는 수목은 「수고(H, m)×수관폭(W, m)」으로 표시한다.

ⓑ 관목류의 규격 표시

- 「수고(H, m)×수관폭(W, m)」으로 표시하며, 필요에 따라 뿌리분의 크기, 지하고, 가지수(주립수), 수관길이 등을 지정할 수 있다.
- 일반적인 관목류로서 수고와 수관폭을 정상적으로 측정할 수 있는 수목은 「수고(H, m)×수관폭(W, m)」으로 표시한다.
- 수관의 한쪽 길이방향으로 성장이 발달하는 수목은 「수고(H, m)×수관폭(W, m)×수관길이(L, m)」으로 표시한다.
- 줄기의 수가 적고 도장지가 발달하여 수관폭의 측정이 곤란하고 가지수가 중요한 수목은 「수고(H, m)×수관폭(W, m)×가지수(지)으로 표시한다.
- 수고(H, m)

– ○년생×가지수(지)

ⓒ 만경류의 규격 표시

- 「수고(H, m)×근원직경(R, cm)」으로 표시하며, 필요에 따라 「흉고직경(B, cm)」을 지정할 수 있다.
- 그 밖에 「수관길이(L, m)×근원직경(R, cm)」, 「수관길이(L, m)」 또는 「수관길이(L, m)×○년생」 등으로 표시한다.

ⓓ 묘의 규격 표시

■ 「수관길이」와 묘령으로 표시하며, 필요에 따라 「근원직경」을 적용할 수 있다.

ⓗ 지주대 및 지주목 세우기

■ 지주대는 통나무나 각재 또는 대나무 등을 사용하며, 특별히 고안된 지주를 사용할 수 있다.

■ 지주목과 목재는 내구성이 강하고 방부처리된 것으로 하며, 지주용 통나무는 마구리를 가공하고 절단면과 측면을 다듬어 사용한다.

■ 지주목 대나무는 3년생 이상으로, 강도가 뛰어나고 썩거나 벌레 먹음, 갈라짐 등이 없어야 한다.

■ 당김줄은 12게이지의 당금질한 아연도금강선으로 하며, 당김줄 중간에 부착하는 턴버클은 규정에 적합한 것으로 한다.

■ 노끈, 새끼줄 등의 결속재료는 잘 짜여진 든든한 것으로 결속 후 쉽게 풀리지 않는 것으로 한다.

■ 지주목과 수목을 결속하는 부위에는 수간에 완충재를 대어 수목의 손상을 방지한다.

■ 대나무지주의 경우에는 선단부를 고정하고 결속부에는 대나무에 흔집을 넣어 유동을 방지한다.

■ 삼각형지주 등은 수간, 주간 및 기타 통나무와 교착하는 부위에 2곳 이상 결속한다.

■ 당김줄은 수목 주위에 일정한 간격으로 고정말뚝을 박고 이를 수목높이의 1/2지점과 연결하여 고정한 후 팽팽하게 당겨주기 위하여 당김줄 중간에 턴버클을 부착한다. 수목과 접하는 부위에는 고무나 플라스틱 호스 등의 마찰방지재를 사용하여 수간을 보호한다.

■ 식재지역에 지반침하가 우려되는 경우에는 침하 후 지주목이 유동하지 않도록 조

치한다.

ⓢ 수목식재

- 수목의 굴취, 운반, 식재는 같은 날에 완료하는 것을 원칙으로 한다. 부득이한 경우에는 감독자의 승인을 받아 가식 또는 보양조치 후 식재한다.
- 보습, 보온 및 부패방지 등을 위한 활착보조재는 제품별 용법에 따라 식재구덩이에 넣거나 뿌리부분에 접착시켜 식재한다.
- 기비는 완숙된 유기질비료를 식재구덩이 바닥에 넣어 수목을 앉히며, 흙을 채울 때에도 유기질비료를 혼합하여 넣는다. 시비량은 설계도면 및 공사시방서에 따른다.
- 식재는 뿌리를 다듬고 주간을 정돈하여 식재구덩이의 중심에 수직으로 식재한다.
- 식재 시에는 뿌리분을 감은 거적과 고무밴드, 비닐끈 등 분해되지 않는 결속재료는 제거하는 것을 원칙으로 한다. 단, 뿌리분 등에 심각한 손상이 예상되는 대형목의 경우 감독자와 협의하여 최소량을 존치시킬 수 있다.
- 식재 시 수목이 묻히는 근원부위는 굴취 전에 묻혔던 부위에 일치시키고 식재방향은 원래의 생육방향과 동일하게 식재함을 원칙으로 한다. 다만, 경관, 기능 등을 고려하여 조정하여 식재할 수 있다.
- 식재 시 식재구덩이내 불순물을 제거한 양질토사를 넣고 바닥을 고른다.
- 수목의 뿌리분을 식재구덩이에 넣어 방향을 정하고 원지반의 높이와 분의 높이가 일치하도록 조절하여 나무를 앉힌다. 잘게 부순 양토질 흙을 뿌리분의 높이의 1/2 정도 넣은 후 수형을 살펴 수목의 방향을 재조정하고, 다시 흙을 깊이의 3/4 정도까지 추가해 넣은 후 잘 정돈시킨다.
- 수목 앉히기가 끝나면 물을 식재구덩이에 충분히 붓고 각목이나 삽으로 저어 흙이 뿌리분에 완전히 밀착되고 흙속의 기포가 제거되도록 한다.
- 물조임이 끝나면 고인물이 완전히 흡수된 후에 흙을 추가하여 구덩이를 채우고 물받이를 낸 다음 식재구덩이의 주변을 정리한다.

■ 흙다짐은 흙이 습하여 뿌리가 쉽게 썩는 수종에 한하여 행하며 관수 없이 흙을 계속 넣어가며 각목 등으로 다지고 뿌리분과 흙이 밀착되도록 하기 위해서 치밀하게 행하여야 한다. 흙다짐 대상 수종은 공사시방서에 따른다.

■ 가로수 식재의 마감면은 보도연석면보다 3cm 이하로 끝마무리한다.

■ 배수, 지하수위 등의 식재조건이 열악한 경우에는 감독자와 협의하여 맹암거 등의 필요한 조치를 취한다.

◎ 지피류 및 초화류 식재

■ 식재에 앞서 지반을 충분히 정지하고 쓰레기, 낙엽, 잡초 등을 제거한 후 적정량을 관수하여 식재상을 조성한다.

■ 객토는 사질양토의 사용을 원칙으로 하지만 지피류, 초화류의 종류와 상태에 따라 부식토, 부엽토, 이탄토 등의 유기질 토양을 첨가할 수 있다.

■ 토심은 초장의 높이와 잎, 분얼의 상태에 따라 다르지만 표토 최소토심은 0.3~0.4m 내외로 한다.

■ 식재하기 전 생육에 해로운 불순물을 제거한 후 바닥을 부드럽게 파서 고른다. 뿌리가 상하지 않도록 주의하면서 근원 부위를 잡고 약간 들어 올리는 듯 하면서 재배용토가 뿌리 사이에 빈틈없이 채워지도록 심고 충분히 관수한다.

■ 왜성 대나무류 및 지피류 식재간격은 설계도서에 지정되지 않은 경우 0.15m(44주/㎡)를 표준으로 한다.

■ 지피류 및 초화류를 뗏장 또는 기타의 방법으로 식재하는 경우에는 제조업체의 제품시방서에 따른다.

■ 덩굴성 식물은 식재 후 주요 장소를 대나무 또는 지정재료로 고정한다.

■ 종자의 파종은 재료별 파종방법에 따라 화단 전면에 걸쳐 균일하게 파종하며, 파종 시기는 기후조건을 고려하여 파종 직후 강우로 종자가 유출되지 않고 지나치게 건조하지 않도록 양생·관리하여 발아를 촉진시킨다.

■ 특수한 식물의 식재와 파종에 대해서는 각 식물별 재식 및 파종방법 또는 공사시방서를 따른다.

■ 지피류 및 초화류 식재 후에는 멀칭재를 사용하여 냉해나 건조피해를 막아 주어야 한다.

ⓩ 가로수 식재

■ 가로수는 교통장애가 없는 범위 내에서 일정한 선형을 유지하여야 하며, 구간별 수형 및 수고, 지하고가 유사한 수목을 반입하여 시공해야 한다.

■ 도로의 길어깨, 도로의 곡선구간 중 내측지역, 수려한 자연경관을 차단하는 구간, 신호등 등과 같은 도로안전시설의 시계를 차단하는 지역, 장거리 이동을 주기능으로 하는 교외지역 일반 국도 도로구역과 그 주변 지역, 교차로 교통섬 내부, 농작물 피해 우려지역, 전기·통신시설물의 지하매설 또는 이설이 불가능한 경우는 가로수의 식재 위치를 변경하거나 식재수량을 제한하여 시공할 수 있다.

■ 식재지역 상층부 및 하층부에 전기·통신시설 등으로 가로수의 정상적인 생육이 곤란한 경우 감독자와 협의하여 유지 및 관리방안을 수립해야 하며, 경관미를 저해하지 않는 범위 내에서 가지치기 등으로 수고, 수관폭을 조절하여 시공할 수 있다.

■ 가로수 식재기반이 불투수층, 쓰레기 매립지 등 불량 토층을 형성할 경우 배수시설을 도입하거나 객토 등의 방법으로 수목의 하자를 방지토록 하되, 식혈작업 시 굴취된 부적합 토양과 모래 등은 전량 반출하고 양질의 토사를 반입하여 식재하여야 한다.

■ 수목보호대 및 보호덮개의 설치상태와 지주목 설치의 적합성 등을 검토하고, 관수, 배수시설 및 관리시설의 하자 및 손·망실처리에 대한 책임한계를 감독자와 협의하여야한다.

■ 가을철 식재공사를 시행하는 경우에는 동해를 고려하여 수간을 녹화마대 등으로 감싸는 등의 보양조치를 하여야 한다.

- 보도가 없는 도로에 가로수를 식재하는 경우에는 길어깨 끝으로부터 수평거리 2m 이상 떨어지도록 하여 식재해야 한다. 다만, 현장여건상 불가능한 경우에는 가지치기 등을 통해 수고, 지하고, 수관폭 등 지속적인 관리방안을 수립하여 감독자의 승인하에 1~2m 범위에 식재할 수 있다.
- 식재 후 보행과 운전, 자전거 이용 등에 지장을 주는 가로수의 지하고 이하 가지 및 하향지 등은 설계도면 또는 공사시방서에서 제시한 지정 높이 이상으로 제거해야 한다.
- 식재공사 완료 후 각종 공사로 인한 가로수의 훼손, 제설제 등 화약약품에 의한 약해, 차량 등으로부터의 물리적 피해 등은 감독자와 협의하여 하자 및 손·망실 처리에 대한 책임한계를 설정하고 훼손자에게 원상 복구하도록 조치하여야 한다.

ⓩ 고사식물의 하자보수 및 면제

- 수목은 수관부 가지의 약 2/3 이상이 고사하는 경우에 고사목을 판정하고 지피·초화류는 해당 공사의 목적에 부합되는가를 기준으로 감독자의 육안검사 결과에 따라 고사 여부를 판정한다.
- 고사 여부는 감독자와 수급인이 함께 입회한 자리에서 판정한다.
- 하자보수식재는 하자가 확인된 차기의 식재적기 만료일 전까지 이행하고 식재 종료 후 검수를 받아야 한다. 이때 하자보수 의무의 판단은 고사확인 시점을 기준으로 한다.
- 하자보수의 식재수목규격은 원설계규격 이상으로 한다.
- 하자보수의 대상이 되는 식물은 수목이나 지피류, 숙근류 등의 다년생 초화류로 식재된 상태로 고사한 경우에 한한다.
- 다음의 경우 하자보수를 면제한다.

– 전쟁, 내란, 폭풍 등에 준하는 사태

– 천재지변(폭풍, 홍수, 지진 등)과 이의 여파에 의한 경우

- 화재, 낙뢰, 파열, 폭발 등에 의한 고사
- 준공 후 유지관리비를 지급하지 않은 상태에서 혹한, 혹서, 가뭄, 염해(염화칼슘) 등에 의한 고사
- 인위적인 원인으로 인한 고사(교통사고, 동물의 침입 등)

지급품을 식재하는 경우, 법정 하자보수기간 내에 고사목이 발생하면 발주자와 수급인이 별도 합의하지 않는 한 수급인은 다음의 기준에 따라 보수한다. 이 경우에도 수목의 고사 여부는 벌주자와 수급인 쌍방이 입회하여 판정한다.

⑥ 잔디

㉠ 잔디

■ 잔디는 일반잔디와 롤형잔디로 구분된다. 일반잔디는 자연산 또는 재배잔디로 규격은 가로 0.3m, 두께 0.03m의 것을 기준으로 하되, 반입 잔디가 소규격인 경우 감독자와 협의하여 시공한다.

■ 롤형잔디는 난지형잔디 또는 한지형잔디를 재배한 것으로서 잔디수확기로 떼어내어 롤형태로 말은 잔디로서 규격은 1㎡ 이상의 것을 사용한다.

■ 잔디의 품질은 재배품이거나 야생잔디를 채취한 것으로 구비조건은 다음과 같다.

- 잡초가 없고 지하경이 치밀하게 발달한 것이어야 한다.
- 잎이 불규칙하거나 잎 끝이 찢어지지 않은 것이어야 한다.
- 잡초가 섞이지 않고 병충해의 피해가 없는 것이어야 한다.
- 두께 및 크기가 균일하게 굴취된 것이어야 한다.
- 장기간 적재에 의해 부패되지 않는 것이어야 한다.

■ 현장에 도착된 잔디는 1일 이내에 식재하는 것을 원칙으로 한다.

㉡ 잔디종자

■ 자생잔디는 국내 자생종 Zoysia 계통과 Poa의 잔디종자를 사용하되 감독자와 협

의하여 종을 선택한다. 잔디종자는 2년 이내에 채취된 것으로 발아촉진처리된 것이어야 하며 발아율 60% 이상, 순량률 98% 이상이어야 한다.

- 도입잔디는 현지의 제반 여건에 따라 감독자와 협의하여 종자를 선정하며 발아율 80% 이상, 순량률 98% 이상이어야 한다. 혼합종자를 사용하는 경우 자재조달계획서를 제출할 때 원산지 증명과 품질보증서가 첨부되어야 하고 혼합률은 감독자의 승인을 받아야 한다.
- 잔디에서 흙을 털어낸 포복경 또는 지하경을 0.05~0.1m로 자른 것을 사용하되 마르거나 썩지 아니한 것을 사용한다.

㉢ 잔디식재

- 토양이 잔디생육에 부적당하다고 판단되는 경우에는 감독자와 협의하여 잔디생육에 적합한 토양상태로 개량한다.
- 시공 대상지에 산재한 큰 부스러기, 쓰레기 등을 제거하고 지반을 토심 0.2m로 경운한 후 흙덩어리를 잘게 부수고 돌, 잡초 등 불순물을 제거한다.
- 잔디 전면붙이기는 토양개량과 정지작업이 이루어진 지면을 롤러나 인력으로 다진 후 잔디를 붙인다. 일반잔디는 서로 어긋나게 틈새 없이 붙인 후 모래나 사질토를 살포하고 다시 롤러나 인력으로 다진 후 충분히 관수하며, 롤형잔디는 전체 지면에 틈새 없이 붙이고 모래나 사질토를 가볍게 살포한 후 롤러로 다지고 충분히 관수한다.
- 줄떼 붙이기는 설계도면 또는 공사시방서에 달리 명시하지 않는 경우 잔디장을 0.1, 0.15, 0.2m 정도로 잘라서 동일 간격으로 붙인다. 잔디의 간격이 넓기 때문에 호미 또는 괭이로 잔디뿌리가 흙 속에 묻히도록 표토를 파가면서 붙인다.
- 어긋나게 붙이기는 잔디를 0.2~0.3m 간격으로 어긋나게 놓거나 서로 맞물려 여유 있게 배열하여 호미 또는 괭이로 잔디뿌리가 흙속에 묻히드록 표토를 파가면서 붙인다.

■ 풀어심기(Stolonizing or Sprigging)는 잔디에서 풀은 포복경 또는 지하경을 0.05~0.1m 정도로 잘라 산파한 후 잔디뿌리가 묻히도록 흙을 덮는다.
■ 비탈면에 잔디를 붙일 때에는 잔디 1매당 2개이 떼꽂이로 잔디가 움직이지 않도록 고정한다.
■ 잔디를 고정한 후 뿌리가 노출되지 않도록 사양토로 잔디 사이를 채우고 인력이나 롤러 등으로 잔디 식재면을 다진다.
■ 식재완료 후 남은 잔디 및 돌, 기타 부스러기, 쓰레기 등을 제거하고 정리한다.

㉣ 파종잔디 조성
■ 파종용 잔디종자는 감독자의 승인을 받아 구매하며 혼합종자의 경우 승인된 배합비율로 사용한다.
■ 파종 시기는 난지형 잔디의 경우 5~6월 초순, 한지형 잔디는 9~10월 또는 3~5월을 적기로 하되, 잔디품종의 특성을 고려하며, 공기 및 현장여건에 따라 감독자와 협의하여 결정한다.
■ 잡초의 발생이 우려되는 곳은 대상지 전면에 제초제를 살포하고 일정기간 경과하여야 한다.
■ 파종지는 인력 또는 경운기로 깊이 0.2m 이상 부드럽게 간다.
■ 비료를 뿌리고 흙을 곱게 부수어 고른 후 롤러로 가볍게 다진다.
■ 모래와 섞어 파종량의 1/2을 종으로 파종하고 나머지 1/2을 횡으로 파종한다. 파종량은 50~150kg/ha를 기준으로 하되 잔디의 종류에 따라 감독자와 협의하여 조정할 수 있다.
■ 파종 후 롤러로 가볍게 눌러서 종자가 흙속에 박히도록 한다.
■ 파종지가 충분히 젖도록 관수하되 흙이 흘러내리지 않을 정도로 물을 뿌려야 한다.
■ 발아를 위한 적절한 수분과 토양온도 유지를 위하여 폴리에틸렌필름(두께 0.03mm)이나 볏짚, 황마천, 차광막 등으로 피복하고 바람에 날리지 않도록 고

정한다.

- 시드벨트(Seed Belt)로 파종할 때에는 정지된 지면에 종자가 닿드록 벨트를 깔고 충분히 관수한 다음, 고운 흙을 1mm 내외로 배토하고 다시 관수한 후 폴리에틸렌필름을 덮어준다.
- 파종 후 종자가 발아한 것을 주시하여 웃자라거나 고온장애를 받을 우려가 있으면 즉시 폴리에틸렌필름을 제거한다.
- 파종지가 건조한 경우에는 전면에 살수하되 표면이 마르지 않게 해야 한다.
- 발아 후 2개월 경과시부터 시비를 하되 한국잔디의 경우 연간 순 성분량을 기준으로 질소, 인산, 칼리를 1㎡당 각각 15g, 10g, 10g의 비율로 생육기간 중 2~3개월 간격으로 시비한다. 기타 잔디시비는 유지관리계획에 따라 감독자와 협의하여 정한다.
- 파종 후 20일 이내에 발아되지 않거나 전면에 고루 발아되지 않고 일부만 발아하는 경우에는 처음과 동일한 공법으로 재파종하여야 한다.

ⓜ 종자뿜어붙이기

- 공사의 효율을 위하여 잔디종자를 섬유(Fiber), 색소, 접착제, 비료 등과 물로 혼합하여 고압분사기로 파종하는 잔디조성공사에 적용한다.
- 파종지는 잡석을 제거하고 계획된 기울기에 따라 평활하게 정지한다.
- 파종면이 건조한 경우에는 종자의 발아를 촉진하고 분사부착물의 침투를 좋게 하기 위하여 1㎡당 1~3ℓ 의 물을 미리 살포한다.
- 한지형 잔디 종자를 비료, 섬유(Fiber), 색소, 접착제, 물과 혼합하고 살포기계를 이용하여 분사파종으로 시공한다.
- 파종 후 1개월 이내에 발아되지 않거나 전면에 고루 발아되지 않고 일부만 발아되었을 때에는 처음과 동일한 공법으로 재파종하여야 한다.

ⓑ 천연잔디구장 조성

- 고도의 품질이 요구되는 축구장, 야구장, 잔디광장 등의 잔디밭 조성에 적용한다.
- 관수 및 배수체계 설치 전에 기초지반을 조성한다.
- 설계도면에 명시된 바에 따라 기준면에서 일정깊이로 전지역을 파내고 기초지반의 기울기를 잡아 표면을 조성한다.
- 관수 및 배수관망 설치 후 토양분리포를 설계도면에 따라 설치하고, 100~200mm 두께의 배수층을 여과골재로 고르게 깔고 토양분리포를 설치한 후 혼합토양을 0.3m 이상의 두께로 전부지에 고루 편다. 이때 혼합토양의 혼합비와 혼합재료의 사용에 대하여는 감독자의 승인을 받아야 한다.
- 혼합토양층을 조성한 후 물을 충분히 뿌려 물다짐을 하고 갈퀴나 드래그매트로 표면의 쓰레기, 풀 등을 골라내어 정확히 표면높이를 맞춘다.
- 관수용 살수기를 설치하여 살수반경이나 강우강도 등을 실험하며 조정한다.
- 물을 충분히 뿌려 혼합식생토양의 물다짐이 될 수 있게 하고 다시 최종 높이를 설계도면에 맞게 조정한다.
- 비료는 질소, 인산, 칼리를 각각 파종 전 순 성분량을 기준하여 1㎡당 각각 10g비율로 시비한 후 상토 0.1m와 완전 혼합한다.
- 잔디 조성은 잔디식재 및 파종잔디조성에 따른다.
- 준공까지의 경기장 잔디관리는 감독자의 승인을 받은 경기장 잔디관리지침에 따르고 준공시에는 이 지침을 보완하여 연중 잔디관리지침을 감독자에게 제출하여야 한다.

ⓐ 경기장 개요

- 면적
- 관개시스템에 관한 사항 및 설계도면
- 펌프 및 물탱크

- 표면배수 및 심토층 배수체계
- 잔디종류, 식재방법
- 보조경기장 및 보조잔디포의 유무

ⓑ 관리장비운용지침 및 장비관리내역
- 잔디깎기기계, 스파이커(Spiker), 에어레이터(Aerator), 스위퍼(Sweeper)
- 농약분무기
- 비료살포기
- 배토기
- 브러시(Brush)
- 롤러(Roller)
- 파종기
- 소드커터(Sod Cutter)
- 라인마커(Line Marker)

ⓒ 살수지침
- 살수량(계절별)
- 산출근거

ⓓ 농약 및 비료살포지침
- 잔디병증 및 방제방법
- 시비방법 및 비료 종류, 살포량

ⓔ 기타
- 연간 잔디관리계획표

– 연간 경기장 사용계획

■ 준공시까지 사용할 관리장비는 발주자가 제공하며 준공 후 관리되고 작동되는 상태로 인계되어야 한다.

⑦ 골프장 잔디조성

■ 토공이 시작되기 전의 표토는 모아 두었다가 재사용해야 한다.

■ 대부분의 토공이 완료되고 각 코스마다 표면조형작업을 할 때에는 장비를 사용하여 개략적으로 만들고 인력으로 다듬어 미적이고 자연스럽게 조형된 지표면으로 마무리 한다.

■ 지표면의 문양을 만들 때에는 설계도면에 따라 마운드의 크기와 배열을 변화 있고 다양하게 만든다.

■ 홂의 종단 직선을 피하고 기복을 두어 플레이의 다양성, 원근감의 조작, 할로우(Hollow)를 통한 원활한 배수를 기해야 한다.

■ 잔디깍기를 고려하여 평지형 홀에서는 최대 4~5% 정도의 기울기를 두어 조형해야 한다.

■ 양질의 잔디를 유지해야 하는 곳에는 잔디조성 전에 기초지반을 조성하고 배수시스템과 특별한 목적이 있는 곳(Hollow와 Bunker)에는 기초기반을 조성하고 잔디식재를 하거나 모래를 포설한다.

■ 골프장의 장소별 잔디식재방법

– 티는 조기녹화가 가능하고 답압에 강하며 관리가 용이한 초종 및 시공방법을 선택

– 페어웨이, 러프는 넓은 면적에 대량수급이 용이한 경제적인 초종 및 시공방법을 선택

– 벙커 주변은 벙커 비탈면보호를 위한 시공방법을 선택

– 그린주변은 그린 비탈면보호와 관리가 용이한 초종 및 시공방법을 선택

■ 잔디조성은 잔디식재와 파종잔디조성, 비탈면녹화 시방서에 따른다.

⑧ 비탈면 녹화

㉠ 비탈면 잔디식재

- 잔디생육에 적합한 토양의 비탈면 기울기가 1:1보다 완만할 때에는 비탈면을 일시에 녹화하기 위해서 흙이 붙어 있는 재배된 잔디를 사용하여 붙인다.
- 비탈면 전면(평떼) 붙이기는 줄눈을 틈새 없이 붙이고 십자줄이 형성되지 않도록 어긋나게 붙이며, 잔디 소요면적은 비탈면 면적과 동일하게 적용한다.
- 비탈면 줄떼다지기는 잔디폭이 0.1m 이상 되도록 하고, 비탈면에 0.1m 이내 간격으로 수평골을 파서 수평으로 심고 다짐을 철저히 한다.
- 선떼붙이기는 비탈면에 일정 높이마다 수평으로 단끊기 후 되메우기한 앞면에 떼를 세워 붙이되, 흙층에 완전히 밀착되도록 다지기를 잘하고 줄눈이 수평이 되도록 시공하며, 침하율을 감안하여 계획높이보다 덧쌓기를 하고, 급위별 떼의 규격은 설계도서 및 감독자의 지시에 따라 정한다.
- 잔디고정은 떼꽂이를 사용하여 잔디 1매당 2개 이상 견실하게 고정하며, 시공 후에는 모래나 흙으로 잔디붙임면을 얇게 덮은 후 고루 두들겨 다져준다.
- 잔디붙이기는 비탈면의 침식방지 및 활착이 용이하도록 잔디판을 비탈면에 밀착·고정한다.

㉡ 비탈면 수목식재

- 비탈면의 안정적이고 생태적인 녹화를 조기에 달성하기 위하여 비탈면에 수목을 도입하여 식재·시공한다.
- 식재구덩이 작업, 수목 굴취작업, 관수 등의 식재와 관련된 작업 시 비탈면 유지와 관련된 시설에 피해가 없도록 하여야 한다.
- 비탈면에서 작업은 장비 및 인원에 대한 안전대책을 수립하여 감독자와 사전에 협의한다.

■ 차폐식재

- 일반식생의 도입이 불가능한 암반 비탈면 및 채석장 등의 불량경관지역은 수목, 덩굴식물 등으로 차폐 식재한다.
- 비탈면 하단부나 소단, 옹벽 등에 생육기반을 조성한 후에 2열 이상으로 식재한다.

■ 새집붙이기

- 암석을 채굴하고 깎아낸 요철이 많은 암반 비탈면에 점적녹화를 목적으로 시공한다.
- 수목생육에 충분한 깊이로 표토나 생육기반재를 채우고 배수시설을 하여야 한다.

■ 덩굴식재

- 일반식생의 도입이 불가능한 암절개지나 채석장 등은 덩굴식물로 차폐 혹은 녹화한다.
- 비탈면 상단부, 소단부, 하단부에 생육기반을 조성·식재하여 상향식 및 하향식 녹화가 동시에 이루어질 수 있도록 한다.

ⓒ 종자뿜어붙이기

■ 비탈면에 종자를 뿜어 붙여 조기에 녹화될 수 있도록 시공한다.

■ 종자착상이 어려운 부분은 감독자의 지시에 따라 적정 간격으로 수평 또는 기울어지게 골을 파고 시공한다.

■ 종자가 비탈면 한 쪽에 치우치지 않도록 종자살포기 탱크 안의 종자를 잘 섞어서 균일하게 분사한다.

■ 파종 후 침식이 우려될 때에는 비닐 등 피복재를 전면에 덮도록 하여 바람에 날리지 않도록 잘 고정한다.

■ 파종 2개월 이내에 골고루 발아가 되지 않거나 일부만 발아되었을 때에는 재파종한다. 단, 10월 이후 시공할 때에는 다음해 6월 초순 이전에 재파종 여부를 결정한다.

- 종자뿜어붙이기를 실시 후 그 위에 볏짚으로 짠 거적을 비탈면 전체에 균일하게 덮을 때는 볏짚거적이 바람에 날리지 않도록 고정핀으로 고정하고 그 수량은 설계도서에 의거하여 적용한다.
- 볏짚거적을 시공할 때에는 비탈면의 위에서 아래로 길게 세로로 깔면서 양단이 서로 중첩되게 시공한다.

㉣ 식생기반재 뿜어붙이기

- 식물의 자연생육이 곤란한 비탈면의 여건과 주변 식생환경을 고려한 일정한 품질로 제조된 생육기반재에 종자를 섞어 조기에 경관적인 녹화와 생태적인 복원 및 보전을 도모하도록 시공한다.
- 비탈면이 특히 건조하거나 이물질이 붙어 있을 때에는 살수하거나 이물질을 제거한 후 시공한다.
- 토질압에 의한 분사붙이기를 할 때에는 시공 전 재료 배합관리실험을 반드시 실시한다.
- 암비탈면을 시공할 때에는 전면피복녹화를 지양하고 균열과 요철에 따른 자연스러운 부분녹화를 시행하여 주변식생과 조화를 이루도록 한다.
- 암의 균열간격이 클수록 시공두께를 두껍게 조절한다.
- 암의 돌출부 및 수직, 역기울기면은 녹화시공을 지양하고 움푹 파인 곳을 집중적으로 시공한다.
- 시공 후 검사는 500㎡당 1개소 이상의 측정구를 설치하여 조사하되, 측정이 곤란할 경우에는 시공투입량으로 대신할 수 있다.
- 생육판정은 피복률과 성립본수로 하되 피복률은 기울기 및 종자배합에 따라 조정해야 하며, 55° 이상은 60% 이상, 45~55° 는 80% 이상, 45° 미만은 100%로 하고, 목본류를 배합할 때에는 각 기준에 70%를 적용한다. 또한 성립본수는 초본류만 배합할 때에는 300본/㎡ 이상으로 하며, 목본류를 배합할 때에는 초본류와 목

본류의 합계가 200본/㎡ 이상으로 한다.

- 생육판정시기는 시공 후 90일 후를 기준으로 하는 것이 원칙이며, 10월 이후에 시공할 때에는 익년 6~7월 초순으로 한다.

⑨ 하천

㉠ 어도조성

- 하천에서 소상의 필요성을 갖는 하천에 서식하는 어류, 참게 및 다슬기, 수서곤충 등 동물의 이동통로로서 생태적 특성을 고려하여 어도를 설치하여야 한다.
- 어도는 개별 하천의 생물상을 면밀히 조사한 후 그 하천의 모든 생물들의 소상이 용이하도록 조성하여야 한다.
- 소상어가 어도 입구 이외의 타 지역에 모여들지 않아야 하며, 진입한 소상어가 신속하고 안전하게 소상할 수 있어야 한다.
- 동절기를 제외한 3월부터 11월까지는 소상하고자 하는 동물이 어도를 이용할 수 있어야 한다.
- 어도 통과 후 안전하고 신속하게 하천 상류로 소상할 수 있어야 한다.
- 구조가 간단하고 견고하며 유지관리가 용이하여야 한다.
- 어도는 높이가 1m 이상 되는 하천횡단구조물에 설치하여야 하며, 하천 유심선에 맞추어 조성한다.
- 어도는 하천횡단구조물의 높이에 대하여 1:20~40의 완만한 기울기를 이루어야 하며, 소상어의 생태적 특성과 현장여건에 따라 기울기를 조정하여 시행할 수 있다.
- 어도의 폭은 하천과 유로의 규모 및 유량을 고려하여 선정하고 어도의 형식별로 어도 내부의 수심과 유하수량에 따라 조성하여야 한다.
- 어도의 출구부는 어도형식에 따라 별도로 조성하여 출구부에 낙차가 발생하지 않고 유속이 빨라지지 않도록 한다.

㉡ 저수호안의 식생

■ 살아 있는 식생을 이용한 하천공사는 장기적으로 경제성 및 유지관리에 유리하지만 단기적(활착기간)으로는 유실대책이 필요하며 식생의치, 지하수위, 저수위 및 홍수위와 같은 하천특성과 각 각의 식생 특징을 고려하여 현장에 알맞은 수종을 선택하여야 한다. 또한 식물분자의 고유성을 보전하기 위하여 식생재료는 해당 하천 유역의 식물상을 파악하여 유사종을 선택하도록 하여야 한다.

■ 유속이 느린 곳에는 갈대 이외의 달뿌리풀을 포함하고 종자를 채취하여 재배한 것 또는 자연산을 채취한 것으로서 뗏장, 분주 등의 형태로 사용한다.

■ 유속의 흐름이 거의 없는 정수역 및 이에 준하는 인공시설물 내에 사용하여 홍수에 의한 유실을 억제하도록 한다.

■ 갯버들

- 잎이 피기 전에는 삽순을 그대로 쓸 수 있으나 잎이 핀 후에는 미리 삽목한 묘목을 사용한다.
- 버드나무류의 생육은 평수위보다 높은 0.3~2.0m가 적절하며, 식재방법은 0.01~0.03m, 길이 0.1~0.3m가 적당하며, 0.1m정도를 땅에 묻어 식재한다.
- 일정기간이 경과한 후 홍수의 소통에 지장을 주지 않기 위하여 갯버들 부분을 전정한다.

■ 갈대

- 갈대 이외에 달뿌리풀을 포함하고 종자를 채취하여 재배한 것 또는 그 유역의 자연산을 채취한 것으로서 포트, 분주 등의 형태로 사용한다.
- 갈대류의 식재 및 이식은 6월 전에 시행하여야 하며, 지하경과 뿌리를 0.3~0.5m 길이로 잘라 0.3m 정도의 깊이에 0.5~1m 간격으로 사용한다.

■ 물억새

- 종자를 채취하여 재배한 것 또는 그 유역의 자연산을 채취한 것으르서 포트, 분주

등의 형태로 사용한다.

- 비탈면 기울기가 1:2보다 완만하고, 토압이 외력으로 작용하지 않는 곳이 적당하며, 뿌리의 발근을 고려하여 0.3m 이상의 근계층이 확보되어야 한다.
- 갈대 및 달뿌리풀의 입지조건에 비하여 상대적으로 건조하며, 관수빈도가 작은 곳에 적당하므로 침수빈도 및 홍수 수위를 고려하여 적용하도록 한다.

㉢ 고수호안의 식생재료

- ■ 대상지의 환경조건에 잘 적응하는 동일 수계 내에 자생하는 식물로서 번식이 용이하며 유묘의 대량생산이 가능한 식물이어야 한다.
- ■ 호안 조건에 따른 생육환경에 잘 적응·생장하고 생태적, 경관적으로 조화되며 자연도를 향상시킬 수 있는 식물이어야 한다.
- ■ 갈대, 달뿌리풀, 물억새, 잔디 및 기본 초본류의 호안식생은 줄기 및 뿌리가 잘 발달하고 강건하며 병충해가 발생하지 않은 것으로서 포기 또는 뗏장 등의 형태로 육모된 것이어야 한다.
- ■ 수변에 직파할 초본류의 종자는 호안에서 채취하여 건조된 것으로서 병충해가 없고 이물질이 섞이지 않은 것이어야 한다.
- ■ 수변에 식재할 교목류는 뿌리가 심근성으로 하천 비탈면의 안전성 도모에 효과적이거나 천이 초기단계를 이룰 수 있는 버드나무류, 오리나무류, 포플러류 및 동일 수계 내에 자라는 교목류 등을 강건하게 육묘한 것으로서 가지 및 뿌리가 잘 발달하고 병충해가 없는 것이어야 한다.
- ■ 윗가지 덮기에 쓰일 버드나무가지의 길이는 최소 1.2로 추후 새싹이 날 수 있는 것을 선택하며, 1m당 약 20개의 버드나무가지를 일렬로 바닥에 설치한 뒤 줄로 엮은 것이어야 한다.

㉣ 하천생태복원관리(모니터링)

■ 조성된 수변완충지대의 기능을 효율적으로 유지시키기 위해서는 모니터링을 통하여 지속적으로 관리해 주어야 한다.

■ 생태하천 조성 후에도 정기적인 모니터링을 통하여 조성된 하천이 생태적으로 제 기능을 발휘하고 있는지 지속적으로 모니터링하여야 하며, 그 대상구역은 하천 및 주변부로 한다.

■ 조성된 생태하천의 생태/경관적 기능분석을 위하여 생물상 모니터링은 각 항목별로 시행한다.

ⓐ 식생: 모니터링은 조성된 생태하천의 식물상과 식생상황을 파악하고, 해당 하천에 생육하는 식물의 분포와 그 생육상황 모니터링

– 조사항목: 식생도 작성, 군락조성, 식물상 조사, 식생단면 조사

ⓑ 양서·파충류·포유류: 조성된 생태하천에서의 양서파충류의 서식상황에 관한 모니터링

– 조사항목: 양서·파충류·포유류 현지조사결과 일람표, 사진표

ⓒ 육상곤충: 조성된 생태하천에서의 육상곤충류의 종파악 및 서식상황에 대한 모니터링

– 조사항목: 육상곤충 현지조사결과 일람표, 사진표

ⓓ 조류: 조성된 생태하천에서의 조류상 파악 및 서식상황에 대한 모니터링

– 조사항목: 조류의 분포 현황, 조류의 집단 분포지 조사표, 사진표

■ 시공 초기와 같이 하천지형을 그대로 유지하고 있는지 모니터링하여 하천미지형 형성의 허용여부를 파악하여야 하며, 과다하게 토사가 퇴적되거나 심한 세굴에 의하여 하천의 수리적 안정성에 영향을 줄 것으로 판단될 경우 수목의 간벌/제거, 부분 준설, 호안복구 등 수리적 안전대책을 강구하여야 한다.

■ 생태하천 조성 후 하자보증(유지관리)기간 동안 연 1회 이상의 생태 모니터링을 실시한다.

■ 생태모니터링을 통하여 생태하천 식생의 보완 및 제거 등 적절한 수림대 및 생태

계 관리가 이루어지도록 하여야 한다.

㉤ 하천생태복원관리(유지관리)

- 조성된 생태하천을 효율적으로 관리하기 위해서는 생태적 천이에 교란을 주지 않는 범위 내에서 최소한의 관리를 해주어야 한다.
- 생태하천에서 비점오염원의 유입차단 및 수질정화 효과를 극대화시키기 위해서는 초본의 경우 연 1회(늦가을) 제초를 해주어야 하며, 제거된 초본은 하천부지 밖으로 유출하여야 한다.
- 다년생 초본류와 같은 식생대를 유지하기 위해서는 환삼덩굴과 같은 덩굴성 식물이나 단풍잎돼지풀과 같은 외래식물은 지속적으로 구제해 주어야 한다.
- 하천 내에서는 생태하천 조성 당시의 원하지 않았던 식물이 도입될 경우, 이러한 식물을 제거하기 위하여 제초제를 사용하여서는 안 된다.
- 홍수 후에는 상류로부터 떠내려 온 부유물질이나 쓰레기 등이 수목에 걸리게 되므로 이를 제거해 주어야 한다.
- 생태하천의 수림대 조성은 하천경관에도 영향을 미치므로 하천부지의 허용 범위 내에서 다양한 수종을 선택하는 것이 바람직하다.
- 생태하천 조성을 위하여 식재한 수림대는 상류로부터 공급되어온 토사를 퇴적시키게 되므로 장기적으로 수림화가 진행될 가능성이 있으며, 치수안정성 확보를 위하여 3~5년에 1회 이상 전정을 통하여 수목을 관리해 주어야 한다.
- 생태하천 조성 후 조성된 생물서식처의 기능을 주기적으로 점검하여 그 기능이 향상되도록 유기적으로 운영한다.

⑩ 생태연못 및 수질정화 인공습지

㉠ 인공습지(생태적 수질정화습지)

- 인공습지의 개념은 자연발생적이 아닌 특정한 목적으로 조성된 습지를 말하며, 생

태적 기능과 수질정화기능을 겸한 인공적 시설물을 의미한다.

- 방수막의 재료는 신축성 있는 재료로서 신장률은 200% 이상, 인장강도는 50kg/㎠ 이상이다.
- 인공습지의 전체적인 구조는 평상시 점오염원, 강우시에 비점오염원 처리를 고려하여 자유수면형 습지(Surface Wetland) 구조를 원칙으로 하고, 점·비점오염원 처리를 고려하여 정량적인 처리효율이 도출되어야 한다.
- 습지의 배치 및 형태를 결정함에 있어서 먼저 대상지의 지형, 수리·수문, 토지이용 및 주변 생태계 등을 종합적으로 분석한다. 특히, 대상지의 지형적 잠재력을 최대한 고려하여 기존의 단순한 사각형 구조에서 탈피하여 지형에 순응하면서도 자연유하가 가능한 구조가 되도록 한다.
- 인공습지의 차수방안은 차수기능이 일정 차수계수를 보장할 수 있는 방수재를 이용하며 재질, 내구성, 경제성, 땅깎기된 지반의 토양특성 등을 고려하여 선정·사용한다.
- 동절기에 습지토양의 결빙방지와 겨울철 수리부하율을 증가시키기 위해 습지토양의 토심은 0.5m가 되도록 하는 것을 기본으로 하되, 지하수위나 특정 요인 발생시 유동성 있게 한다.
- 습지의 지형에 따라 식재토양의 일정토심을 유지하도록 하며, 토양은 실트, 자갈 섞인 모래, 점토 및 모래 섞인 실트로 구성되며 표토를 집토하여 보관하였다가 활용하도록 한다. 수생식물의 생육과 수질정화 등을 고려하여 친환경적인 토양 보조재료를 필요에 따라 사용할 수 있다.
- 습지의 내부에 부분적으로 자갈을 적용한 웅덩이와 골, 호안 부분에는 백석층 등을 이용하여 정화효과와 경관향상, 생물서식처 기능을 가질 수 있도록 설치한다.
- 식재식물은 수질정화 효능이 있는 수생식물을 선정하며, 식물의 공급, 관리의 용이성, 지역자생여부 등을 고려하여 식재종으로 갈대 등 현지 자생수종을 시스템적으로 식재한다.

- 수질정화 외에 경관과 생태적 기능, 어류서식처 제공 등의 기능을 고려하여 어리연꽃류, 수련류, 창포류 등 보다 다양한 식생을 도입한다.
- 식재시 식물의 간격은 이입종의 침입과 초기의 안정적인 정착을 고려하여 일정비율로 한다.
- 수생식물의 생태적 특성을 고려하여 토양을 선별하여 식재한다.
- 설계상에 계획된 식재 이전에 습지의 일정구간을 구획하여 시험식재하여 수생식물의 초기정착도, 수질정화능력 등을 검토하여 식재밀도를 조정할 수 있다.
- 습지 전체를 한꺼번에 식재하지 않고 계절과 기후조건을 고려하여 침강저류지, 습지, 연못, 침전지 등 각 부위별로 나누어 기간을 두고 식재할 수 있다.
- 습지 주변의 자연생태적 경관 및 특성을 고려하여 수생식물을 선정·식재한다.
- 현지 유량의 계절적 특성이나 생태적 특성을 고려하고 환경공학적 측면에서 호안 등과의 관계를 고려하여 식재한다.
- 습지의 통수 이후에도 수질오염 농도 및 수리·수문학적 요소 등을 감안하여 식재밀도를 조정한다.
- 면적은 수리·수문적 특성, 토양, 지질, 식물 등 생태적 특성에 따라 달리 결정한다.
- 일반 공사로 진행될 수 없는 특이성으로 인해 현장 여건 등을 충분히 고려하여 시공 중에도 수리·수문, 토양, 식생 등 생태공학적 측면을 모니터링하면서 시공하여야 한다.

ⓛ 생태연못

- 인공적으로 조성되는 생태연못 및 습지형 생물서식처 등에 적용한다.
- 생태연못은 생물서식공간과 관찰 등 이용·학습공간으로 구분하여 조성하여야 한다.
- 생태연못은 안정성을 확보해야 하며 가급적 목표종을 설정하도록 한다.
- 현장 시공 전에 인근지역의 생태조사 자료를 활용하여 설계(도)서의 적합성 여부

를 확인한다.

- 진흙은 국제토양학회 분류에 의한 입경 조성 기준을 적용하고 점성이 강해야 하며, 내부에 유기물이 적은 것을 사용하고, 방수 등을 위한 인공재료는 식생 및 수질에 영향을 주지 않는 재료로 한다.
- 벤토나이트를 사용하는 경우 pH 등 물환경의 변화에 따라 적절히 중화조치를 해야 한다.
- 폐사목과 통나무 놓기 호안의 통나무는 수피가 있는 자연목을 활용하고, 가급적 활엽수목을 사용한다.
- 수면 안에는 정수식물 및 침수식물 등 수생식물을 식재하고, 외부에는 습생식물과 호습성 식생을 식재한다.
- 생태연못에 도입되는 생물종(동·식물)은 가급적 인근지역에서 도입한다.
- 습지 및 연못의 수질보전과 수원 확보를 위한 수리계획을 수립한다.
- 시공 전후의 우수와 배수체계의 변화 및 공사 중 폭우시의 대책을 수립한다.
- 기존 수로의 변경이 필요한 경우 다른 지역에 미치는 영향을 분석하여 부정적인 영향이 미치지 않도록 시공해야 한다.
- 지하수위가 높거나 지하수가 유출되는 곳에서는 용출수를 처리하기 위한 배수시설을 설치한다.
- 방수공법은 유입 가능한 물의 양과 물의 유입에 소요되는 비용을 고려하여 결정하며, 유입 가능한 물의 양이 적거나 물의 유입에 소요되는 비용이 많을 경우에는 불투수성의 시트방수공법을 선택할 수 있다.
- 진흙으로 바닥을 처리할 때에는 입자가 미세하고 점성이 강한 것을 일정한 두께로 포설한다.
- 방수재를 포설하는 경우에는 재료의 손상이 없도록 하고 접합 부위는 이중으로 접합해야 한다.
- 자갈을 바닥에 깔 때에는 방수재의 손상을 방지하기 위해 자갈을 포설하기 전에 보

호용 재료를 도포해야 하며, 접합 부위가 분리되지 않도록 해야 한다.

■ 바닥면과 호안의 연결 부분은 누수를 막기 위해 진흙을 겹쳐 축조한다.

■ 지반의 침하가 우려되는 곳에서는 지반보강용 부직포를 방수층 아래에 포설하여 방수층에서 부등침하가 일어나지 않도록 한다.

■ 급배수시설 조경공사 표준시방서 관수 및 배수 해당 항목에 따른다.

■ 유입로는 사용되는 물의 종류에 따라 조성방법을 달리해야 하며, 저류조, 침전조, 여과조 등을 두어 수질정화 효과를 가져 올 수 있도록 한다.

■ 유입로는 유입되는 유량을 고려하여 유입로의 단면과 재질 및 기울기를 결정한 다.

■ 배수구의 높이는 목표 수위와 같아야 한다.

■ 호안은 물로 인한 축조면 약화를 방지하기 위해 지반다짐 및 구조체 보완시설을 해야 한다.

■ 자연석 쌓기를 할 때에는 조경석 해당 항목에 따르고 목재 등 물에 약한 재료는 방수 및 방부처리를 해야 한다.

■ 자연석 쌓기를 할 때에는 구조적 안정성 확보 이외의 경우에는 지나치게 큰 자연석을 이용하지 않도록 한다.

■ 주변에서 유입되는 물은 자연스럽게 유입되도록 하고 과다한 물이 유입되는 경우에는 월류보를 통해 집수정으로 흘러가도록 기울기를 만들어야 한다.

■ 호안의 조성은 다양한 생물이 서식할 수 있도록 다음과 같은 소재를 활용하여 조성한다.

ⓐ 폐사목 놓기 호안

ⓑ 통나무 박기 호안

ⓒ 통나무 놓기 호안

ⓓ 자연석 호안

ⓔ 자갈 및 진흙 호안

ⓕ 모래톱 호안

- 호안의 기울기는 주변 지형과 환경조건에 따라 다양하게 조성하고, 완만한 기울기를 요구하는 곳에서는 최소한 1:7 보다 완만하게 한다.
- 식물 선정시 생태적인 균형을 고려해야 하며, 가급적 향토수종을 도입하도록 해야 한다.
- 식생 도입을 위해 방수, 호안처리, 토심확보 등의 필요한 조치를 사전에 시행해야 한다.
- 연못에 도입되는 식생의 과다한 번식을 조절하기 위하여 필요시 수중분 식재를 하거나 통나무 박기 등 식생의 확산을 방지하기 위한 시설을 설치한다.
- 연못의 일부분은 여름철 그늘을 형성할 수 있는 호습성 활엽수를 군식 도입을 검토할 수 있다.

㉢ 생태연못 서식처 조성

- 곤충서식처

ⓐ 산림이나 숲 가장자리 추이대 지역의 햇볕이 잘 드는 곳이 최적의 입지이다.

ⓑ 적당한 크기의 연못과 초지, 그리고 덤불이나 조그만 숲을 조성한다.

ⓒ 연못의 크기는 50㎡ 이상이면 좋고, 가까운 곳에 다른 연못, 수변공간이 있으면 더욱 좋다.

ⓓ 곤충의 생할사를 고려하여 필요한 식생(흡밀식물, 먹이식물, 스액식물 등)을 도입한다.

ⓔ 다공질 공간인 돌무더기 놓기, 통나무 쌓기, 고목 배치, 나뭇가지 더미 놓기, 낙엽층 및 부엽토 쌓기 등을 한다.

ⓕ 연못 내부와 호안 주변에는 말뚝과 통나무를 배치하여 잠자리와 나비의 휴식장소를 제공한다.

ⓖ 대상지가 소음이나 대기오염이 비교적 심한 경우, 상록활엽수 등을 이용한 차폐식재를 통해 소음과 대기오염으로 인하여 곤충 서식이 저해되지 않도록 하여야

한다.

■ 어류서식처

ⓐ 어류의 서식에 지장을 주지 않도록 수질 관리가 가능한 형태로 조성한다.

ⓑ 휴식 및 은신처로서 웅덩이나 연안의 가장자리 부근에 수초 및 돌틈을 조성한다.

ⓒ 여름철의 수온상승과 겨울철의 동결심도를 고려하여 1m 내외의 깊은 수심을 일부 조성한다.

ⓓ 모래, 자갈, 진흙 등의 다양한 재료를 이용하여 다양한 저서환경을 제공한다.

ⓔ 연못에 어류를 도입하고자 할 때에는 연못을 조성한 후 부유물질 등이 가라앉아 수환경이 어느 정도 안정성에 도달할 때 어류를 도입한다.

ⓕ 도입하는 어류는 자생어종을 도입하되, 조성대상지역의 인근 유역에서 채집하여 방사한다.

■ 양서류서식처

ⓐ 햇볕이 잘 드는 곳으로 물이 너무 차갑지 않아야 올챙이의 성장에 적합하며, 연못 주변의 수목에 의해 지나치게 그늘이 생기지 않도록 해야 한다.

ⓑ 저습지의 규모는 최소한 30㎡ 정도로 한다.

ⓒ 수심이 최고 1m에서 수변부위는 0.35m 내외로 만들어 주어야 하며, 중앙부분에는 턱을 만들어 가끔 개구리가 휴식(일광욕: 포식 후 먹이의 소화를 돕기 위함)할 수 있는 공간을 만들어 준다.

ⓓ 양서류의 생활사를 고려하여 휴식지, 산란지, 동면지 등을 함께 조성한다.

ⓔ 양서류의 먹이가 되는 곤충 등의 유인을 위한 조치를 취한다.

■ 조류서식처

ⓐ 연못 주위에 물새류를 유인하기 위해서는 수변부에 몸을 숨길 수 있는 갈대와 습지 수목의 숲을 조성하도록 하며, 물새들이 먹을 수 있는 각종 수생동물과 곤충류의 서식밀도를 높이도록 연못의 수변부를 다양하게 조성해 줄 필요가 있다.

ⓑ 수심은 일반적으로 2m 이하의 깊이가 되게 하며, 다양하게 조성해야 한다.

ⓒ 호안은 완만한 비탈면으로 조성한다.

ⓓ 다층구조화의 식생구조를 형성해 준다.

ⓔ 나무구멍을 둥지로 이용하는 조류를 위해서 인공새집을 가설해 준다.

ⓕ 중도를 조성해 준다.

ⓖ 조류의 휴식처로 인공식물섬이나 고목, 횃대 등을 조성한다.

ⓗ 필요한 경우 조류관찰을 위한 이용자 통제 및 관찰시설(조류관찰벽) 등을 조성한다.

㉣ 생태연못 모니터링

■ 조성된 생태연못의 생태환경과 생물종의 변화추이를 관찰, 기록하여 자연천이의 과정을 살피고, 생태적으로 바람직한 관리방향을 제시하여 시행하는데 도움을 주도록 한다.

■ 모니터링은 조성 직후부터 1년, 2년, 3년, 5년, 10년 등의 주기로 한다.

■ 모니터링은 물리적 환경과 생물적 요소를 모두 고려하며, 외래종 등 관리 대상종에 특히 주의를 기울여야 한다.

■ 모니터링은 가급적 지역주민, NGO, 전문가 등이 함께 참여하도록 한다.

㉤ 생태연못 유지관리

■ 수질 및 수량

ⓐ 물순환시스템이 지속적으로 유지될 수 있도록 유입구와 유출구를 주기적으로 청소한다.

ⓑ 유입수에 포함된 이물질을 제거하기 위하여 설치한 침전조는 주기적으로 청소해 준다.

ⓒ 연못 내의 수질을 주기적으로 점검하여 수질이 나빠지고 있는 경우에는 물순환의 양과 횟수를 늘려준다.

ⓓ 생태연못의 부영양화를 제어하기 위해서는 부영양화의 원인 물질인 영양염류의 유입원을 차단한다.

■ 수질 및 수량

ⓐ 물순환시스템이 지속적으로 유지될 수 있도록 유입구와 유출구를 주기적으로 청소한다.

ⓖ 유입수에 포함된 이물질을 제거하기 위하여 설치한 침전조는 주기적으로 청소해 준다.

ⓒ 연못 내의 수질을 주기적으로 점검하여 수질이 나빠지고 있는 경우에는 물순환의 양과 횟수를 늘려준다.

ⓓ 생태연못의 부영양화를 제어하기 위해서는 부영양화의 원인 물질인 영양염류의 유입원을 차단한다.

■ 식물상

ⓐ 여름철에 성장한 수초는 겨울철에 말라서 연못 내에 잔존하게 되는데, 부영양화를 가져올 우려가 있는 경우에는 적절한 시기에 제거하도록 한다.

ⓑ 습지식물이 지나치게 번성하였을 경우에는 부수식물이 차지하는 면적이 수면적의 1/3 이하가 되도록 식물 하단부(뿌리부근)에 차단막을 설치하거나 수시로 제거해 준다.

ⓒ 개망초, 환삼덩굴 등 귀화식물이 확산되어 우점종이 된 경우에는 인위적으로 제거한다.

ⓓ 생태연못에 조성된 교목림에 의해서 수면에 지나치게 그늘이 질 경우에는 가지치기를 해 주어야 한다.

ⓔ 우점종이 출현하여 식물종이 단순화될 우려가 있을 때에는 우점종의 수를 줄여주고, 우점종 확산을 방지할 대책을 세운다.

■ 동물상

ⓐ 인공습지의 목표종에 따른 개방수면의 면적비율은 공사시방서 또는 감독자의 협

의에 의해 정한다.

ⓑ 모기 등 위생에 문제가 되는 생물종이 급증할 때에는 적절한 관리 대책을 마련한다.

ⓒ 수중 생물종을 위하여 항상 적절한 수질과 수온을 유지하도록 한다.

ⓓ 붉은귀거북, 블루길, 베스, 비단잉어 등의 외래종은 제거하도록 한다.

■ 이용자

ⓐ 출입이 제한된 생태연못 내로의 진입 등을 하지 못하도록 펜스, 안내판 등을 설치하여 출입자를 관리한다.

⑪ 훼손지 복원

㉠ 생육기반 조성 및 보호

■ 깊이 0.15m 미만으로 침식된 훼손지에는 원지형선까지, 깊이 0.15m 이상 침식된 지역에는 기반안정공사 후 0.15m 두께의 개량된 표토를 깐 뒤, 다짐처리하고 땅고르기한다.

■ 비탈면의 원지표로부터 깊이 0.15m 이상 훼손된 지역은 먼저 깊이 0.3m까지는 잡석 채우기, 깊이 0.3m에서 0.15m 까지는 왕모래 잔자갈 채우기로 기반안정공사를 실시한다.

■ 표토를 깔 때, 소반상(小斑狀) 또는 방석모양으로 분포하는 잔존식생은 그 자리에 보존하면서 표토를 채워 지면높이를 맞춘다. 그러나 불가피한 경우는 잔존식생을 떼어 한쪽에 가식하였다가 야생풀포기심기에 사용한다.

■ 강한 바람맞이 지역이나 바람 통로지역에는 방풍울타리를 설치하여 식생활착에 필요한 미기후를 조성한다.

㉡ 야생풀포기 심기

■ 겨울철의 동해를 막기 위하여 식재공사는 현지에 자생하는 야생풀포기로 4월 초순~5월 중순 사이에 실시한다.

- 야생풀포기심기는 기울기 20% 이상이거나 훼손이 심한 지역에 우선적으로 실시한다.
- 대상지 주변의 초원지대, 관목지대에서 0.1×0.2m 정도의 야생풀포기를 떼어내어 줄심기를 하며, 줄간격은 0.15m 정도로 한다.
- 야생풀포기는 가능한 이용객들의 시야에서 벗어난 곳에서 채취하며, 야생풀포기를 떼어낸 다음 반드시 개량된 표토를 원지표선까지 채우고 다짐을 한다.
- 야생풀포기를 떼어 낼 때에는 0.3m 이상 거리를 두어야 하고, 연속적으로 떼어내지 않는다.
- 풀포기를 두께 0.05m 정도로 떼어내고 가능한 뿌리흙을 부착시킨 채 운반한다.

㉢ 파종

- 훼손지 복원에 사용하는 식물종자는 현지 또는 주변지역에 자생하는 종 또는 유사종을 선정한다.
- 파종식물은 가능한 훼손지에서 잘 생육하는 선구식물종과 식생천이계열상 중기식물종을 중심으로 선정한다.
- 볏짚식생매트는 피도 75%, 전중량 250g/㎡ 정도의 볏짚거적에 현지에서 채종한 종자, 2겹의 식생용지, 완효성 특수코팅복합비료(14-14-14) 30g/㎡를 부착시켜 제조한다.
- 파종용 종자는 선별 후 1℃의 저온에 저장 후 파종시 호마이수화제 등으로 소독처리한 후 볏짚식생매트에 부착시킨다.
- 미세종자(1g당 100립 이상)는 삶아 말린 '조'와 부피비율 1:1,000 이상으로 혼합한 후에 부착시킨다.
- 개량표토를 깐 생육기반공사지에 볏짚식생매트를 깔고 그 위에 개량한 표토를 0.01m정도의 두께로 살포한다. 그리고 볏짚식생매트 위에 거친 황마그물로 멀칭한 후 2m 간격으로 녹화핀을 꽂아 고정한다.

■ 멀칭재료는 규격 6.5세선/0.1m×4.5세선/0.1m의 황마로 짠 그물로서 차광률 35%, 중량 520g/㎡ 정도이다.
■ 녹화핀은 끝을 'U'자형으로 구부린 철근으로서 지역별 동결심도(약 0.3m) 이상으로 충분히 길고(Ø10mm, L0.45m), 끝을 뾰족하게 다듬어야 한다. 단, 동결심도가 명확하지 않을 때는 핀의 길이를 0.45m 이상으로 한다.

㉣ 야생 초본류 뗏장 심기
■ 뗏장용 식물은 훼손지 주위에서 야생하는 초본류를 중심으로 선정하며 일부 관목류도 포함한다.
■ 현지에서 채종한 식물의 종자를 파종하여 뗏장을 만들되 한 가지 식물만을 이용한 단용 뗏장과 여러 식물을 혼파한 혼용 뗏장으로 구분하여 사용한다.
■ 뗏장의 조기성숙을 위하여 잔디류를 혼파하여 뗏장을 생산한다.
■ 뗏장의 규격은 0.3m×0.3m를 원칙으로 한다.
■ 야생초본류의 뗏장심기는 조경공사 표준시방서 잔디의 해당 항목에 따른다.
■ 시공 후 뗏장의 활착할 때가지 1일 1회 충분히 관수하여야 한다.

㉤ 등산로 복원 정비
■ 등산로 복원 정비시 훼손된 등산로 경관이 주변경관과 조화될 수 있도록 복원한다.
■ 계획등산로를 제외한 자연발생적 등산로는 먼저 지형을 복원한 후 식생을 복원한다.
■ 기존의 불필요한 구조물을 제거하고 난 후 등산로를 복구 정비하도록 한다.
■ 등산로 정비 및 복원공사는 산정상부에서 산록부 방향으로 하며, 동일 비탈면의 경우는 상부에서 하단부로 진행하도록 한다.
■ 등산로 조성공사 후 경계책 설치공사를 할 때에는 콘크리트 기초와 함께 지주만 세워 놓았다가 식생복원공사가 끝난 후에 철망과 유지관리용 출입문을 설치한다.
■ 기반다짐용 장비는 램머(Hand Compactor) 등을 사용한다.

- 침식된 등산로는 하층부에서 상층부로 왕모래 잔자갈층, 사양토층의 순으로 복구시켜야 한다.
- 등산로의 종단기울기에 따라 노면시설은 아래의 기준을 적용한다.

– 7% 이하 기울기: 흙바닥 정비
– 7~15% 기울기: 노면침식이 적은 포장재료
– 15% 이상 기울기: 목재계단

- 등고선방향으로 형성된 등산로는 노면상의 지표수 집중 또는 정체를 방지하기 위하여 약 2~4%의 횡단기울기를 주어 신속한 노면배수를 유도한다.
- 종단기울기방향의 등산로를 따라 흐르는 지표수의 집중을 막기 위하여 적정 간격으로 횡단배수로를 설치한다.
- 횡단배수로의 출구 끝 부분은 부채꼴 모양의 사석돌받침(Stone Riprap)을 깔아주어 유수의 집중에 의한 세굴을 막고 유수를 비탈면 아래로 자연 분산시킬 수 있도록 한다.

㉥ 흙바닥 등산로 복원 및 정비

- 현 등산로상의 암석이나 돌 등을 제거하고, 현지 사양토를 이용하여 노반을 평탄하게 정지한 후 40kgf/㎠ 이상의 균등한 지지력을 갖도록 인력으로 충분히 다진다.
- 등산로 양측으로 자연석(200mm×200mm×200mm 기준) 등 경계를 구획할 수 있는 자재를 사용하여 노면 좌우의 경계 표시로 한다.
- 유수에 의한 노변침식을 방지하기 위해서 적정한 배수처리를 하며, 배수는 비탈면의 자연기울기에 따라 하단부로 분산되도록 한다.
- 안전한 등산 및 보행이 될 수 있도록 등산로 주변의 난간을 설치한다. 난간의 높이는 0.5~1.2m 미만으로 하며, 재료는 목재, 로프 등을 사용한다.

㉦ 목재 계단로 복원 및 정비

- 우수에 의한 침식방지, 식생보전, 이용자의 안전 확보 측면에서 기울기 15% 이상의 비탈면에 설치하도록 하며, 그 이하라도 미끄러지기 쉬운 장소에 설치하도록 한다.
- 비탈면의 암석이나 돌 등을 제거하고 평탄하게 기반 정지작업을 한다.
- 통나무 계단은 수직박기용 통나무를 항하여 박은 후 수평 깔기용 통나무를 1~2단으로 단단히 결속하고 흙을 뒷채움하여 다진다.
- 통나무 원목계단은 직경 0.3m 내외의 방부 처리된 통나무를 단차이를 두어가면서 지반다짐과 함께 꺽쇠로 결속하여 견고하게 설치한다.
- 침목계단은 설계도서에 맞는 높이와 너비로 켜를 쌓아가면서 측면을 결속하여 단단하게 설치한다.
- 계산 설치 최상단 경계부와 최하단 경계부 밖의 노면에는 길이 1m 이상 튼튼한 재료로 마감 처리하여 계단 끝부분이 훼손되지 않도록 처리한다.

ⓞ 평지형 보행로 복원 및 정비

- 보행동선 주변의 식생 훼손지는 동선 조성 부적합지역을 파악하여 이용 동선을 재조정해준다.
- 보행로 주변 훼손지는 토양을 개량하거나 주변 표토를 살포한 후 주변식물의 종자를 파종하여 주연부 식생을 복원한다.
- 수목뿌리가 노출되어 수목의 생육환경이 불량한 경우 답압된 토양은 연화처리하고 수목뿌리보호공법을 시행한다.
- 수목뿌리의 채움재는 개량토양, 표토 등을 사용하며, 표토를 위해 포설한 후 복구 정비한다.
- 이용객의 답압이나 유수에 의한 침식방지와 연약지반의 보호를 위해 노면포장을 시행할 경우 강우시 미끄러지지 않도록 표면처리를 하는 등 이용객의 안전을 고려한다.

- 주변경관과의 조화를 고려하여 안정된 생태계가 조성될 수 있도록 바닥 포장 재료는 가급적 원목, 자연석, 자갈, 기타 자연석 재료로 조성한다.
- 자연석 포장시 편평한 면이 상단이 되도록 하며, 가급적 수평을 이루도록 하여 이용객의 피로도가 최소화될 수 있도록 시공한다.
- 시공 후 추가 훼손 방지 및 노면바닥에 유수 유입으로 인해 겨울에 노면이 얼어 미끄러지지 않도록 횡단배수로를 설치한다.

㉧ 생태통로의 복원 일반사항

- 생태통로를 복원하기 위해서는 통로를 주로 이용할 동물에 대한 생태조사를 우선 실시하고 이에 따라 목표종을 선정하여야 한다.
- 생태통로의 형태, 설치위치, 폭은 반드시 이용할 동물 종에 대한 조사와 분석 후에 결정하여야 한다.
- 생태통로의 설치 위치는 능선이나 건조한 지역을 선호하는 종과 계곡이나 습한 지역을 선호하는 종에 대한 생태적 특성에 따라 선정하여야 한다.
- 육교형 생태통로는 산림지역의 능선이 단절된 경우 조성한다.
- 박스형 생태통로는 흙쌓기지역에 조성한다.
- 파이프형 생태통로는 양서파충류의 이동을 돕기 위하여 설치한다.
- 기울어진 생태통로는 콘크리트 측구를 설치할 때 기울기를 주어 소동물이 빠지더라도 쉽게 빠져 나올 수 있도록 일정한 간격으로 설치한다.
- 징검다리 생태통로는 도시의 전체적인 네트워크를 고려하여 옥상에 곤충류, 조류 등을 위한 서식환경복원을 위하여 설치한다.

⑫ 생물서식공간 조성

㉠ 생물서식공간 조성

- 복원 식생은 해당지역의 식생조사를 거쳐 대상지 내 식물개체와 같은 종의 개체

를 활용한다.

■ 생물서식공간에 자연관찰·학습의 기능을 수용할 수 있도록 포함시키는 경우에는 생태통로를 관찰 및 탐방로, 학습장 등과 연계시키고, 정보안내기능 시설과 휴게공간 등 생물서식공간을 보호하는 범위 안에서 최소한의 시설물을 도입한다.

■ 야생동물의 서식과 관련하여 둥지, 보금자리, 은신처로서의 틈새, 웅덩이, 관목숲, 덤불 등의 조성 시에는 인위적 형태나 인공적 마감재는 배제시킨다.

■ 생태연못 등의 수생비오톱 조성에는 오염되지 않은 물을 수원으로 확보해야 하며, 곤충류와 어류가 공존할 수 있도록 수심의 변화를 주어 성충을 유인할 수 있는 서식공간을 조성하고 곤충과 어류의 산란조건을 구비하여야 한다.

■ 수생비오톱의 오염을 방지하기 위하여 식생정화대를 설치하고 정화효과가 탁월한 수생식물을 선정하여야 한다.

ⓛ 조류서식처 조성

■ 조류의 서식환경에 적합한 유치 목표종을 선정하고 수질 및 식생의 관리를 통하여 서식환경을 조성한다.

■ 개방지역을 선호하는 조류에게는 개방지역을, 수면을 선호하는 조류에게는 개방수면을, 수풀을 선호하는 조류에게는 초지를 조성해 준다.

■ 인간에 의한 간섭을 최소화할 수 있도록 인간과 생물간 적절한 이격거리를 확보해 준다.

■ 조류의 먹이가 되는 수서곤충, 양서파충류, 어류 등의 서식환경이 최대가 될 수 있도록 조성한다.

■ 조류의 먹이가 될 수 있도록 팥배나무, 노박덩굴, 찔레나무, 초피나무, 산초나무, 벚나무, 감나무 등 식이식물을 식재한다.

■ 조류관찰대는 조류가 채식이나 휴식을 하는데 인간의 관찰행위가 인지되지 않도록 정숙한 환경으로 조성한다.

- 조류의 먹이가 되는 수초류가 자랄 수 있는 사수역을 조성하며 주변에 버드나무와 갈대밭 등 조성한다.
- 생물의 서식공간으로 수생식물지역과 개방수면의 비율이 1:1 정도가 바람직하다.
- 도요새류, 물떼새류, 할미새류는 하천의 수변부, 해안 갯벌 등을 선호하며 저서무척추동물인 갯지렁이류와 수서곤충 등을 채식하므로 하천의 자갈밭, 모래톱, 수변부의 초지 등을 조성한다.
- 논병아리, 뜸부기류는 유속이 거의 없는 정수역을 선호하며, 주 먹이는 수서곤충, 수초 등이므로 먹이가 풍부하게 유지되어야 한다. 최소 반경 50m 이상 부정형의 다원 모양으로 수심은 5m 이내로 조성한다.
- 가마우지류는 하구와 기수 및 염수성 호소지역을 선호하며, 주 먹이는 어류이고 번식지는 자연석을 이용하므로 인공 식물섬이나 횃대 등의 서식처를 조성해 준다.
- 백로 및 황새류는 얕은 수역에서 어류 및 무척주 동물을 채식하므로 수위를 0.25m 이내로 유지하도록 한다.
- 수면성 오리류는 얕은 수심의 수생환경을 선호하며, 잠수성오리류는 결빙되지 않은 안정적인 채식지와 바람을 피할 수 있는 휴식지가 중요한 요인이며, 수심을 2~3m 정도의 지역을 선호한다. 호수의 경우 반경 300m 이상의 부정형 타원 모양으로, 하천의 경우 50m 이상의 폭으로 조성하며 인공섬은 호수면적의 1/5 이상, 1/3 이하가 되도록 조성한다. 얕은 수역(0.4~1.5m)과 깊은 수역(3m 이내)을 동시에 조성한다.
- 수리류는 개활지나 평지, 농경지 등에서 개구리류, 쥐류, 소형 조류 등을 포식하므로 개활지와 먹이사슬이 형성되도록 조성하여야 한다.
- 멧비둘기나 산새들을 위하여 버드나무 등 교목류와 덤불을 조성해 준다.
- 조류의 서식처로 인간의 간섭이나 서식처의 훼손 등 장애요인을 제거해 준다.

㉢ 포유류 서식처 조성

- 포유류의 서식환경에 적합한 목표종을 선정하고 행동권을 고려하여 서식환경을

조성한다.

- 너구리, 오소리 등 식육류는 수변과 인접한 산림내 개활지에 흙 굴을 파서 생활하므로 쓰러진 흙, 나뭇가지, 돌더미 등을 이용하여 직경 0.5m×길이 2m의 동굴을 조성해 준다.
- 멧토끼는 흙이 움푹 들어간 곳을 잠자리로 이용하고 낮어는 나뭇가지 더미나 덤불에서 휴식하므로 덤불숲이나 나뭇가지를 쌓아 준 시설을 조성해 준다.
- 멧돼지는 억새군락을 조성하거나 조릿대 군락지 등에 번식하며 고라니는 초본을 깔고 자므로 억새나 조릿대 군락을 조성한다.
- 족제비는 어두운 굴을 선호하므로 직경 0.2m 깊이 1m의 원통을 조성해 주되 입구는 돌더미, 흙, 나뭇가지 등으로 은폐한다.
- 수달은 수환경 생태계의 최상위 포식자로서 수변부와 삼림지대에 서식하므로 출입구는 직경 0.45~0.6m 흄관구조, 내부 보금자리는 높이 0.5m, 폭 1m의 공간을 조성하고 배설용 바윗돌은 최소 무게 30kg 이상, 표면적 50㎠ 이상 조성한다.

㉣ 양서파충류 서식처 조성

- 양서파충류의 서식환경에 적합한 목표종을 선정하고 이동권을 그려하여 서식환경을 조성한다.
- 양서류의 개체수 증가는 먹이사슬을 다양하게 만들므토 생태연못 등을 조성하여 개체수 증가 등 종보전에 노력한다.
- 양서류의 이동거리는 대략 150m 정도로 반경 내에 다른 연못이나 수환경을 조성한다.
- 개구리류는 봄철에 번식을 위하여 산란장소인 수역으로 이동하고 여름철에는 먹이를 찾아 산림으로 이동하는 습성이 있으므로 도로 등으로 인하여 이동통로가 단절되지 않도록 한다.
- 햇볕이 잘 드는 곳으로 수온이 너무 차갑지 않아야 올챙이의 성장에 적합하다.

- 두꺼비류는 웅덩이와 같이 고여 있는 물에 산란하고 주변 야산에서 생활하며 수심 0.2~1m에 서식하므로 수위변화가 거의 없어야 하고 물은 순환되도록 조성한다.
- 참개구리와 금개구리는 주로 저지대에서 서식하며 논 웅덩이나 수로 등지에서 산란하고 그 주변에서 활동하며 동면하므로 이를 고려하여 서식처를 조성해 준다.
- 도롱뇽류는 폭 1~2m, 바닥에 낙엽층, 나뭇가지 등이 충분히 공급되고 계류의 경우 틈이 있는 돌무더기나 암반이 있는 곳에 산란하며, 산란지에서 100m 이내의 위치에서 동면하므로 낙엽이 많고 습도가 유지되는 계곡부에 나뭇가지, 고목 등을 조성한다. 산란지의 수심은 0.2m 내외가 적당하고 정수식물과 버드나무, 참나무 등의 산림과 연 ■ 도마뱀류는 바위나 암반에 산란하고 일반적인 저지대 산림의 돌무더기에서 동면하므로 자갈, 모래, 낙엽을 이용하여 조성한다.
- 자라와 남생이 등 거북류는 계곡주변, 저지대 웅덩이, 하천 등에서 관찰되며 소형 물고기 등을 섭식하므로 마사토와 고운모래가 혼합된 형태로 면적은 100㎡ 이상 되도록 하고 홍수기에 잠기지 않도록 0.5~1m 이상 되도록 조성한다.
- 뱀류는 돌담이나 산비탈면의 가시덤불에서 많이 서식하므로 초지, 저습지, 논, 수로 등을 조성한다. 돌 크기는 0.3~0.4m 내외의 돌무덤을 조성하고 산림과 농경지가 연계되도록 한다.

⑬ 실내조경

㉠ 실내조경 일반 요구조건

- 실내조경은 식물의 특성과 대상지의 광선, 온도, 수분, 토양을 고려하여 공간 성격에 적합하도록 함은 물론 환경적, 심미적, 기능적으로 만족하도록 한다.
- 실측하거나 또는 관련공사 설계도서(건축, 설비, 조명 등)를 참고하여 도입식물의 생육에 적당한 광도를 확보한다.
- 식재지역의 실내온도를 실측 또는 예측하여 이에 부합하는 식물재료를 도입하거나 도입식물의 적정 생육온도를 확보하도록 하며, 특히 최저, 최고온도 및 일교차

등 생육한계온도에 유의한다.

- 도입식물의 수분 요구도를 참고하여 표면관수, 점적관수, 저면관수, 이중관수 등 적당한 관수 방법을 채택하며 뿌리에 물이 고이지 않도록 배수층을 조성한다.
- 실내식물의 생육 최소 광도는 1,000Lx, 생존을 위한 최소광도는 500Lx로 하고 식물에 따라 인공조명을 보광할 수 있도록 한다.
- 식물의 생육에 필요한 광조건을 점검하고 자연광의 유입이 하루에 3시간 이하인 경우 이에 대한 보광계획을 세워 시공한다.
- 실내식물의 생육적온은 23~25℃로 하고, 32℃ 이상이거나 5℃ 이하가 되지 않도록 하며 적당히 통풍이 유지되도록 한다.
- 실내의 냉·난방을 위한 기구를 설치하는 경우 식물생육에 방해되지 않는지에 대해 검토하고 환기시설이 적당한지에 대해 검검한다.
- 엽면관수 후 실내의 먼지집적으로 인해 식물생육이 불량해지지 않도록 실내 환경을 점검한다.
- 실내식물의 생장 기반이 되는 토양은 배수력과 보수력을 동시에 가져야 하며, 토양개량제를 포함하는 배합토를 사용하는 경우 인공토양 식재 토심 기준을 적용한다.
- 공사기간이 건축공사, 조명설비공사, 인테리어공사 등과 중복되는 경우에는 공정상의 문제가 야기되지 않도록 상호 협의하여 시공한다.

㉡ 실내조경 식재용토

- 식재용토는 식물의 종류와 여건에 적합하도록 인공토양에 산흙, 마사토, 모래, 부엽토, 바크, 피트모스, 펄라이트, 질석, 화산회토 등의 토양개량제를 설계도면에 명시된 종류와 비율로 혼합한 배합토 또는 혼합 포장되어 있는 인공배합토를 사용한다.
- 별도로 규정하지 않는 한 토양부피에 대한 토양습윤 상태하의 무게비중은 0.6~1.2g/㎤이며, 적합한 토양산도(pH) 범위는 6.0~7.0이 되도록 한다.

- 배합토의 비중을 가볍게 하기 위해 유기물과 공극이 큰 입자와 토양개량제를 첨가한다.
- 토양산도를 중화시키려면 질산칼슘비료나 석회를 첨가하고, 산성화시키려면 토양배합물에 피트모스를 첨가한다.
- 물의 침투와 이동이 불량한 경우 무기물이나 유기물을 첨가하여 공극률을 증대시킨다.
- 배합토의 통기성이 불량한 경우에는 거친 입자의 토양개량제를 첨가하며, 토양이 적당한 습윤상태에서 배합토 조성작업을 시행하고, 식재공사 과정에 지나치게 전압하지 않도록 한다.

⑭ 조경석

㉠ 경관석 재료 일반

- 경관석은 경질의 돌로서 표면의 질감, 색채, 광택, 무늬 등이 우수하여 관상적 가치가 있어야 한다.
- 입석은 세워서 쓰는 돌로, 전후좌우 어디에서나 관상할 수 있어야 한다.
- 횡석은 가로로 쓰이는 돌로, 불안감을 주는 돌로 받쳐서 안정감을 가지게 한다.
- 평석은 윗부분이 편평한 돌로 안정감을 가지게 하며, 주로 앞부분에 배석하고 화분을 올려놓기도 한다.
- 환석은 둥글둥글한 돌로, 축석에는 바람직하지 못한 돌이나 무리로 배석하여 복합적인 경관이 형성될 수 있어야 한다.
- 각석은 각이 진 돌로 삼각, 사각 등으로 다양하게 이용되며, 사실적 경관미를 표현하는 배석이 되어야 한다.
- 사석은 비스듬히 세워서 이용되는 돌로, 해안 땅깍기벽과 같은 풍경을 묘사할 때 적용한다.
- 와석은 소가 누워 있는 것과 같은 돌로 횡석보다 더욱 안정감을 주어야 하며, 뒷

부분 돌의 조합의 연결부분을 가려주기도 하며 균형미를 살릴 수 있도록 배석해 야 한다.

- 괴석은 흔히 볼 수 없는 특이하게 생긴 모양의 심미적 가치가 있는 자연석으로 개체미가 뛰어나야 한다.
- 경관석 선정은 단독 또는 무리지어 배석하는 자연석의 크기, 외형 및 종류를 설치 위치 및 주변여건에 맞추어 선정하고 특수용도의 경관석은 미리 선정하여 둔다.
- 경관석을 무리지어 배석하는 경우 중심석과 보조석의 2석조가 기본이며, 특별한 경우를 제외하고는 3석조, 5석조, 7석조 등과 같은 조합하는 것을 원칙으로 한다.

㉡ 경관석 놓기

- 경관석을 설치하는 방향, 자세(누이기, 세우기, 빗놓기, 겹쳐놓기 등) 및 매입깊이 등을 설계도면 또는 공사 시방서에 따라 감독자와 협의하고, 경관석의 고유 특징을 살릴 수 있도록 배치하되 주위 미관과 조화되도록 한다.
- 소정의 깊이를 터파기하여 앉히고 옆은 돌받침, 돌굄, 콘크리트 뒤채움 등을 하여 흔들리지 않게 한 다음 주위 흙을 빈틈없이 밀어 넣으며 다져 메운다.
- 세운돌, 빗세운돌, 설치에 있어서 쓰러지지 않도록 깊이 묻거나 돌받침, 콘크리트 뒤채움 등을 튼튼히 하고 주위 흙을 채워다진다.
- 생김새가 좋은 경관석을 설치할 때에는 경관석이 가진 특징을 충분히 살릴 수 있도록 관상 가치를 고려하여 설치한다.
- 돌을 설치하는 작업이 끝나면 돌틈과 주위에 마른 흙을 채워 수평으로 메우고, 채우는 흙의 두께 0.3m마다 충분히 다진다.
- 돌을 겹쳐 놓을 때에는 흔들거리거나 무너지지 않게 상·하, 좌·우, 전·후의 돌과 잘 맞물리도록 하고 필요에 따라 받침돌, 고임돌, 콘크리트 뒤채움 등을 하며 아래에 놓은 돌은 상부에 높은 돌보다 큰 것을 사용하는 것을 원칙으로 한다.

ⓒ 디딤돌 및 징검돌 놓기

- 보행을 위하여 공원, 정원의 잔디 또는 나지 위에 설치하는 디딤돌과 연못, 수조, 계류 등을 건너기 위하여 설치하는 징검돌 놓기 공사에 적용한다.
- 디딤돌로 쓰이는 재료는 평평한 자연석 또는 판석 등의 가공석과 단위포장재 전돌로 구분하고 그 재질, 크기, 모양새 등은 설계도면 및 공사시방서에 따른다.
- 디딤돌의 배치간격 및 형식 등은 설계도면에 따르되, 윗면은 수평으로 놓고 지면과의 높이는 설계도면 또는 공사시방서에서 정한 바가 없는 경우 0.05m 내외로 한다.
- 디딤돌의 두께에 따라 터파기를 하고 지면을 다진 후 안정되게 놓고 밑에서 괴임돌 등으로 흔들리지 않게 설치한 다음 주위를 흙으로 메우고 다진다.
- 징검돌은 상·하면이 평평하고 지름 또는 한 면의 길이가 0.3~0.6m, 높이 0.3m 이상인 크기의 강석을 주로 사용한다.
- 징검돌은 설계도면 또는 공사시방서에 따라 소정의 깊이까지 터파기를 하고 콘크리트기초를 한 위에 모르타르로 고정하여 설치하며, 높이는 설계도서에 따르되 평균수위보다 0.15m 내외로 높게 하는 것을 원칙으로 한다.

ⓔ 조경석 쌓기

- 경관적 목적 또는 구조적 목적으로 자연석을 쌓아 단을 조성하는 경우에 적용한다.
- 조경석 쌓기에 쓰이는 돌은 자연석 및 가공조경석을 사용하며, 기초부분은 터파기한 지면을 다지거나 콘크리트기초를 한다.
- 크고 작은 조경석을 서로 어울리게 배석하여 쌓되 전체적으로 하부의 돌을 상부의 돌보다 큰 것을 쓰며, 석재는 자연스러운 면이 노출되게 하고 서로 맞닿는 면은 흔들림이 없도록 한다.
- 뒷부분에는 고임돌 및 뒤채움돌을 써서 튼튼하게 쌓아야 하며, 필요에 따라 중간에 뒷길이가 0.6~0.9m 정도의 돌을 맞물려 쌓아 붕괴를 방지한다.

■ 사전에 지반을 조사하여 연약지반은 말뚝 박기 등으로 지반을 보강하고 필요한 경우 콘크리트나 잡석 등으로 기초를 보완하는 등 하중에 의한 침하를 방지하여야 한다.

■ 가로쌓기

– 조경석을 약간 기울어진 수직면으로 쌓을 때에는 설계도면 및 공사시방서에 따라 석재면을 기울어지게 하거나 약간씩 들여쌓되, 돌을 기초 또는 하부돌에 안정되게 맞물리고 고임돌과 뒤채움콘크리트 등을 쳐넣어 흔들리거나 무너지지 않게 쌓는다.

– 상·하, 좌·우의 석재는 크기, 면, 모양새가 서로 잘 어울리고 돌틈이 크게 나지 않게 하며 잔돌을 끼우는 일이 적도록 가로로 길게 놓아 쌓는다.

– 설계도면 및 공사시방서에 명시가 없을 경우 높이가 1.5m 이하일 때에는 메쌓기를 하고 1.5m 이상인 경우와 상시 침수되는 연못, 호수 등은 찰쌓기로 한다.

■ 세워쌓기

– 조경석을 줄지어 세워놓고 돌 주위는 뒤채움돌, 고임돌, 받침돌 또는 콘크리트를 채워 견고하게 설치한다.

– 좌·우 돌의 겹치기, 띄기 등은 설계도면에 따라 전체가 조화되게 배열한 다음 흙을 필요한 높이까지 채워 다진다.

– 둘째 단 돌의 밑 부분은 하부석의 윗부분 뒤에 약간 걸리게 세워놓고 주위는 흙을 채워 다지며, 다음의 돌은 둘째단의 돌 뒤에 걸리게 세워놓고 흙을 채우며 소정 높이까지 쌓는다.

– 돌쌓기가 완료되면 뒤에 흙을 채워 다지며 지면 고르기를 하여 마무리한다.

⑮ 유희시설

㉠ 유희시설 안전기준

■ 보트, 관 등의 끝부분이나 땅깎기 단부 등의 돌출 부위는 둥글게 처리하여 인체나

의복 등이 걸리지 않도록 하고, 마개를 씌울 경우에는 도구를 사용하지 않으면 뺄 수 없도록 단단히 고정시킨다.

- 기초콘크리트, 유희시설의 면모서리, 구석모서리는 둥글게 처리하거나 모따기를 한다.
- 망루, 놀이집 등의 밀폐되는 공간은 투시형으로 하여 비도덕적이거나 비행장소로 사용되지 않도록 한다.
- 계단, 통로 등의 디딤면은 미끄러지지 않도록 하고, 활주면 등과 같이 신체의 접촉 또는 마찰이 빈번히 발생하는 곳에는 녹이 발생하지 않도록 처리한다.
- 유희시설의 기초콘크리트 등 지하매설물은 놀이터 바닥면 위로 노출되지 않도록 하며, 모래에 매설하는 경우 모래 상단면으로부터 최소 0.05m 이상 깊게 매설한다. 또한 놀이로 인한 기초콘크리트의 노출로 신체와의 접촉이 예상되는 기초의 상단면 모서리는 모따기한다.
- 그네, 회전무대 등 동적 유희시설은 시설물 주위로 2m 이상의 여유공간을 확보하고 시소 등 정적인 시설은 1.5m 이상의 여유공간을 확보하며, 시설간 이용공간의 중복이 없도록 한다. 또한 시설간의 간격은 어린이가 뛰어넘을 수 없도록 충분한 간격을 띄운다.
- 그네, 회전무대 등 충돌의 위험이 많은 시설은 보행동선과 놀이동선이 상충 또는 가로지르지 않도록 배치한다.
- 철봉, 사다리, 그네 등 시설의 착지점에는 타 시설을 설치하지 않아야 한다.
- 추락위험이 있는 유희시설 주변은 모래 등 충격을 흡수, 완화할 수 있는 완충재료를 사용한다.
- 동력 유희시설은 관련규정이나 설치 업체의 안전기준을 따른다.
- 유희시설이 도입되는 놀이터 경계가 옹벽, 석축으로 되어 있거나 기울기가 심한 곳은 난간, 차폐식재 등 안전시설을 설치하여야 한다.

㉡ 목재의 가공 및 제작

- 목재의 가공 및 제작은 목재구입 → 용도별 절단 → 박피·제재·깎기 → 구멍뚫기·따내기·모다듬기 등 1차 가공 → 건조 → 방부처리 → 양생의 순서로 시행한다.
- 목재의 단면을 표시하는 치수는 마무리치수로 하며 건조, 수축, 대패질, 기타 마무리 여유를 두어 3~5mm 정도 크게 제재한다.
- 목재의 보관은 변형, 오염, 손상, 변색, 부패, 습기 등을 방지할 수 있도록 하기 위해 직접 지면에 접촉하지 않도록 하고 습기 및 직사광선에 직접 노출되지 않으며 통풍이 잘 되는 곳에 보관해야 한다.
- 목재의 건조는 자연건조법과 인공건조법을 사용할 수 있으며 시공기간, 비용의 경제성, 목재의 품질을 고려하여 적절한 건조법을 선택해야 한다.
- 목재의 자연건조는 적정한 온도, 습도, 풍속 조건 하에서 시행하여 함수율 12~18%의 기건상태가 되도록 하며, 인공건조를 할 경우에는 1~3개월 정도 자연건조된 목재를 사용해야 한다.
- 목재의 마감면은 별도의 규정이 없는 경우 모두 대패질 마무리를 하며, 마무리의 정도는 상·중·하 구분 등급에서 상으로 한다.
- 목재의 끝부분은 둥글게 마무리해야 하고 기둥의 갈라짐을 예방하며 신축성을 높이기 위해 목재의 섬유방향으로 각 면의 중앙부에 선형의 홈을 줄 수 있다.

㉢ 목재의 방부

- 유희시설용 목재는 방부처리된 것을 사용하고, 필요한 경우 별도의 방충 및 방연처리를 시행한다. 방부제, 방충제, 방연제의 품질, 종류, 용제 및 농도는 공사시방서에 따른다.
- 방부처리는 개설법, 가압법, 침지법, 도포법, 주입법, 표면탄화법, 뿜칠법으로 구분하며, 사용환경과 용도에 따라 적절한 방법을 사용하여야 한다.
- 방부처리는 산림청, 목재의 방부·방청처리기준에 의한 목재의 사용 환경 구분에

따른 단계별 구분기준에 따른다.

- 목재는 방부처리 전에 방부처리를 원활하게하기 위해 건조되어야 하며, 건조처리된 목재의 함수량은 18~25%로 한다. 구체적인 함수율 기준은 공사시방서에 따른다.
- 방부처리된 목재가 절단, 대패질 등의 추가가공이 되었을 경우에는 가공 부위에 대하여 방부제를 도포하여 방부성능이 저하되지 않도록 해야 한다.

15. 품질관리

1) 품질관리(시험)계획의 수립·승인

- 건설사업자는 품질관리(시험)계획을 수립하여 발주자에게 제출·승인받아야 한다.

2) 건설공사 품질관리(시험)계획·수립 절차

① 계획수립

- 건설사업자 또는 주택건설등록업자

② 제출 및 검토승인

- 공사감독자 또는 건설사업관리기술인의 검토·확인을 받아 발주자(인·허가기관)에게 제출·승인
- 발주자나 인·허가기관의 장은 품질관리계획을 검토하여 보완사항이 있는 경우 보완 요구·승인

③ 품질시공

- 건설사업자(주택건설등록업자)는 기성·준공 검사 시 품질시험(검사)성과표 제출

④ 확인

- 발주청, 인·허가기관의 장 등은 품질관리가 적절하게 실시하는지 여부 확인(연 1회 이상, 준공 2개월 전까지)

⑤ 완료

- 확인결과 시정이 필요하다고 인정하는 경우 건설사업자 또는 주택건설등록업자는 지체 없이 시정 후 그 결과를 발주자에게 통보

3) 품질관리(시험)계획 수립 대상공사

- 품질관리계획 또는 품질시험계획은 건설기술진흥법에 따라 해당 건설공사의 총공사비, 연면적, 규모에 따라 수립기준이 정해진다.

① 품질관리 계획

- 건설사업관리대상 건설공사로 총공사비 500억 원 이상
- 연면적 30,000㎡ 이상인 다중이용 건축물 건설공사
- 해당 건설공사의 계약에 품질관리계획을 수립하도록 되어 있는 건설공사

② 품질시험 계획

- 총공사비 5억 원 이상 토목공사
- 연면적 660㎡ 이상 건축물 건설공사
- 총공사비 2억 원 이상 전문공사

③ 품질계획 제외

- 조경식재공사
- 철거공사

4) 품질관리계획 작성

■ 품질관리계획은 「산업표준화법」 제12조에 따른 한국산업표준인 KS Q ISO 9001 등에 따라 국토교통부장관이 정하여 고시하는 기준에 적합하여야 한다.

5) 품질관리계획서 내용

① 개요

■ 공사명, 시공자, 현장대리인

② 시험계획

■ 공종, 시험 종목, 시험 계획물량, 시험빈도, 시험횟수, 그 밖의 사항

③ 시험시설

■ 장비명, 규격, 단위, 수량, 시험실 배치 평면도, 그 밖의 사항

④ 품질관리를 수행하는 건설기술인 배치계획

■ 성명, 등급, 품질관리 업무 수행기간, 건설기술인 자격 및 학력·경력사항, 그 밖의 사항

6) 품질검사의 대행

■ 건설공사의 발주자, 건설사업자 또는 주택건설등록업자는 국·공립시험기관 또는 건설기술용역사업자로 하여금 건설공사의 품질관리를 위한 시험·검사 등을 대행하게 할 수 있다.

① 국·공립시험기관 및 건설기술용역사업자

■ 국·공립시험기관

– 지방국토관리청

- 지방중소기업청
- 국가기술표준원
- 시·도의 건설시험 분야 시험소 및 사업소
- 조달청 품질관리단
- 지방해양수산청
- 국·공립 대학이 설립한 건설시험 관련 연구소

■ 건설기술영역사업자

- 건설기술진흥법에 따라 건설기술용역업을 등록한 자

7) 품질관리 비용의 계상 및 집행

■ 발주자는 건설공사 계약을 체결할 때에는 건설공사의 품질관리에 필요한 비용을 공사 금액에 계상하여야 한다.

8) 품질관리비의 산출 및 사용기준

① 일반사항

■ 발주자는 해당 건설공사의 품질확보를 위하여 필요하다고 인정하는 품질시험 및 검사의 종목·방법 및 횟수를 설계도서(수량산출서, 단가산출서 등)에 명시하여야 한다.

■ 건설업자 및 주택건설등록업자는 설계도서에 누락된 품질시험 및 검사의 종목·방법 및 횟수에 관해서는 건설사업관리용역업자 및 발주자와 협의하여 설계도서에 반영해야 한다.

■ 건설업자 및 주택건설등록업자는 시방서 등 설계도서를 검토하여 품질관리계획 또는 품질시험계획을 작성하고 이를 토대로 품질관리를 해야 한다.

■ 건설업자 또는 주택건설등록업자는 현장 품질시험의 원활한 실시를 위하여 발주자와 협의하여 현장여건을 고려한 적정 시험인력을 배치하여야 한다.

② 품질시험비

- 품질시험에 필요한 비용으로서 인건비, 공공요금, 재료비, 장비 손료, 시설비용, 시험·검사 기구의 검정·교정비, 차량 관련 비용 등을 포함한다.
- 품질시험 인건비는 국토교통부장관이 고시하는 인건비 산출단위량 기준을 토대로 「통계법」 제27조제1항에 따라 대한건설협회 및 한국엔지니어링진흥협회가 조사·공표하는 노임단가를 적용하되, 시험관리인의 인건비는 포함하지 않는다.
- 공공요금은 정부가 고시하는 공공요금을 적용하되, 해당 시험에 필요한 공공요금의 산출 단위량 기준은 국토교통부장관이 정하여 관보에 고시한다.
- 재료비는 인건비 및 공공요금의 100분의 1로 한다. 다만, 특별한 사유가 있는 경우에는 조달청장이 구매하는 물품의 가격을 기준으로 실비를 산출하여 적용할 수 있다.
- 장비손료는 아래의 계산식에 따라 산출한 금액 또는 품질시험 인건비의 100분의 1을 계상한 금액으로 한다.
- 품질시험에 필요한 시설비용, 시험 및 검사기구의 검정·교정비는 품질시험비의 100분의 3을 계상한다.
- 품질시험에 필요한 차량의 감가상각비·유류비·보험료 등 각종 경비는 실비계상한다.
- 외부의뢰 시험은 품질시험비의 한도 내에서 실시하며, 건설사업관리용역업자와 협의하여 결정하여야 한다.

항 목	내 역	비 고
1)품질관리 업무를 수행하는 건설 기술인 인건비	· 시험관리인을 제외한 건설기술인의 인건비	· 건설현장에 배치되는 건설기술인의 인건비로 「통계법」 제27조제1항에 따라 대한건설협회 및 한국엔지니어링협회가 조사 공표하는 노임단가를 적용한다. · 시험관리인은 현장에 배치되는 품질관리 업무를 수행하는 건설기술인 중에서 최하위 등급자로 정하고 시험관리인의 인건비는 간접노무비에 포함된 것으로 한다.
2)품질관리 문서작성 및 관리에 관련한 비용	· 품질관리계획서 또는 품질시험 계획서 작성 · 품질관리 절차서 작성비 · 부적격 보고서와 그 밖의 품질관련 문서 작성비 · 품질관리계획서 또는 품질 시험계획서 개정 작성비 · 품질관련 문서관리 비용	· 품질관리 업무를 수행하는 건설기술인 인건비의 100분의 1을 계상한다.
3)품질관련 교육 훈련비	· 현장근로자의 품질관련 교육에 드는 교재비용, 초빙 강사료 등 각종 비용 · 교육자료 준비비 · 품질관련 행사비 · 건설기술인 및 시험인력의 외부교육 참가비	· 품질관련 교육훈련은 품질관리계획서 또는 품질시험 계획서에 실시방법 등 구체적인 사항을 적고 실시하는 것만을 말하며, 이를 위한 비용으로 품질관리 업무를 수행하는 건설기술인 인건비의 100분의 1을 계상한다.
4)품질 검사비	· 품질시험 결과의 검사에 드는 비용 · 내부 품질검사비 · 구매문서의 적합성 검토 및 구매품의 검사	· 품질시험비의 100분의 1을 계상한다.
5)그 밖의 비용	· 그 밖의 해당공사의 특수성을 고려하여 발주자가 인정한 예비비율	· 그 밖의 비용을 제외한 품질관리활동비 총액 ·〔1)+2)+3)+4)〕의 100분의 1을 초과할 수 없다.

④ 품질관리비 사용기준

- 건설업자 및 주택건설등록업자는 품질관리비를 품질관리비 산출기준에 따른 용도 외에는 사용할 수 없다. 다만, 발주자 또는 인·허가기관의 장이 품질관리업무 수행과 관련하여 필요하다고 인정하는 경우에는 그렇지 않다.
- 건설업자 및 주택건설등록업자는 품질관리비의 사용명세서 및 증명서류를 갖추어 두고, 발주자 또는 건설사업관리용역업자 등이 요청하는 경우에는 이를 제시해야 한다.
- 품질관리비는 발주자 또는 건설사업관리용역업자가 확인한 시험성적서 등에 의한 품질관리 활동실적에 따라 정산한다.

9) 품질관리자 배치기준

① 건설공사 품질관리를 위한 시설 및 건설기술인 배치기준.

대상공사	공사규모	시험·검사장비	시험실규모	건설기술인
특급품질관리 대상공사 (1,000억 원 이상)	영 제89조제1항제1호 및 제2호에 따라 품질관리 계획을 수립해야 하는 건설공사로서 총공사비가 1,000억 원 이상인 건설공사 또는 연면적 5만㎡이상인 다중 이용 건축물의 건설공사	영 제91조제1항에 따른 품질검사를 실시하는 데에 필요한 시험·검사장비	50㎡이상	· 특급기술인 1명 이상 · 중급기술인 2명 이상
고급품질관리 대상공사 (500억 원 이상~ 1,000억 원 미만)	영 제89조제1항제1호 및 제2호에 따라 품질관리 계획을 수립해야 하는 건설공사로서 특급품질관리 대상 공사가 아닌 건설공사	영 제91조제1항에 따른 품질검사를 실시하는 데에 필요한 시험·검사장비	50㎡이상	· 고급기술인 1명 이상 · 중급기술인 2명 이상
중급품질관리 대상공사 (100억 원 이상~	총공사비가 100억 원 이상인 건설공사 또는 연면적 5,000㎡ 이상인 다중이용 건축물의 건설공사로서 특급	영 제91조제1항에 따른 품질검사를 실시하는 데에 필요한 시험·검사장비	20㎡이상	· 중급기술인 1명 이상 · 초급기술인

대상공사	공사규모	시험·검사장비	시험실규모	건설기술인
500억 원 미만)	및 고급품질관리 대상 공사가 아닌 건설공사			1명 이상
초급품질관리 대상공사 (2억 원 이상 ~100억 원 미만)	영 제89조제2항에 따라 품질시험 계획을 수립해야 하는 건설공사로서 중급품질관리 대상 공사가 아닌 건설공사	영 제91조제1항에 따른 품질검사를 실시하는 데에 필요한 시험·검사장비	20㎡이상	· 초급기술인 1명 이상

10) 건설공사 등의 부실 측정

① 측정목적

■ 건설기술용역, 건축설계, 「건축사법」 제2조제4호에 따른 공사감리 또는 건설공사를 성실하게 수행하지 아니함으로써 부실공사가 발생하였거나 발생할 우려가 있는 경우 및 제47조에 따른 건설공사의 타당성 조사에서 건설공사에 대한 수요 예측을 고의 또는 과실로 부실하게 하여 발주청에 손해를 끼친 경우에는 부실의 정도를 측정하여 벌점을 부과하고 입찰시 불이익을 주기 위함이다.

② 부실측정주체

■ 국토교통부장관(지방국토관리청), 발주청, 인·허가기관의 장

③ 벌점부과대상

■ 건설사업자, 주택건설등록업자, 건설기술용역사업자, 건설기술인 또는 건축사

11) 측정대상 및 공동도급 시 벌점부과

① 측정대상공사 ; 모든 건설공사

② 공동도급 시 벌점부과

■ 공동도급방식인 경우에는 공동수급체 구성원 모두에 대하여 공동수급협정서에서

정한 출자비율에 따라 부과한다. 다만, 부실공사에 대한 책임소재가 명확히 규명된 경우에는 해당 구성원에게만 부과한다.

- 분담이행방식인 경우에는 분담업체별로 부과한다.

12) 부실벌점 통보

- 건설공사 등의 부실정도를 측정한 경우에는 결과를 관리하여야 하며, 벌점 총괄표를 매반기 말일 기준으로 다음달 15일까지 벌점관리를 위탁받은 기관(건설산업정보센터)에 통보하여야 한다.

16. 안전관리

1) 안전관리계획 승인

- 건설업자와 주택건설등록업자는 안전점검 및 안전관리조직 등 건설공사의 안전관리계획을 수립하고 착공 전에 발주자에게 제출하여 승인을 받아야 한다. 이 경우 발주청이 아닌 발주자는 미리 안전관리계획의 사본을 인·허가기관의 장에게 제출하여 승인을 받아야 한다.
- 건설업자와 주택건설등록업자는 안전점검에 대해 발주자가 정하는 바에 따라 안전점검을 수행할 기관을 지정하여 그 업무를 수행하여야 한다.

2) 가설구조물 안전성 확보

- 건설사업자 또는 주택건설등록업자는 동바리, 거푸집, 비계 등 가설구조물 설치공사 시 구조적 안전성 확인에 적합한 분야의 기술사에게 확인을 받아야 한다.

3) 안전관리계획 수립 대상공사

- 「시설물의 안전 및 유지관리에 관한 특별법」에 따른 1종 및 2종 시설물의 건설공사(교량, 터널, 항만, 댐, 건축물, 하천, 상수도 등)
- 지하 10m 이상의 굴착하는 건설공사(이 경우 굴착 깊이 산정 시 집수정, 엘리베이터 피트 및 정화조 등의 굴착부분은 제외하며, 토지에 높낮이 차가 있는 경우 굴착 깊이의 산정방법은 「건축법 시행령」 제119조제2항에 의한다.)
- 폭발물을 사용하는 건설공사로서 20m 안에 시설물이 있거나 100m 안에 사육하는 가축이 있어 해당 건설공사로 인한 영향을 받을 것이 예상되는 건설공사
- 10층 이상 16층 미만인 건축물의 건설공사 또는 10층 이상인 건축물의 리모델링 또는 해체공사, 「주택법」 제2조제25호다목에 따른 수직증축형 리모델링
- 「건설기계관리법」 제3조에 따라 등록된 건설기계 중 천공기(높이 10m 이상), 항타 및 항발기, 타워크레인이 사용되는 건설공사 또는 제101조의2제1항 각 호의 가설구조물 사용 건설공사
- 제1호부터 제5호까지의 건설공사 외의 건설공사로서 발주자(또는 인·허가기관의 장)가 특히 안전관리가 필요하다고 인정하는 건설공사

4) 안전관리계획 검토·제출

- 계획수립 및 작성 : 건설사업자, 주택건설등록업자
- 사전검토·확인 : 공사감독자 또는 건설사업관리기술인
- 계획서 제출 : 건설공사 착공 전에 발주청 또는 인·허가기관의 장에 제출
- 계획서 심사 : 발주청 또는 인·허가기관의 장(20일 이내 결과 통보)

5) 안전관리계획 포함내용

- 건설공사의 개요 및 안전관리조직
- 공정별 안전점검계획(계측장비 및 폐쇄회로 텔레비전 등 안전 모니터링 장비의 설치 및 운용계획이 포함되어야 한다.)

- 공사장 주변의 안전관리대책(건설공사 중 발파·진동·소음이나 지하수 차단 등으로 인한 주변지역의 피해방지대책과 굴착공사로 인한 위험징후 감지를 위한 계측계획을 포함한다.)
- 통행안전시설의 설치 및 교통소통에 관한 계획
- 안전관리비 집행계획
- 안전교육 및 비상시 긴급조치계획
- 공종별 안전관리계획(대상 시설물별 건설공법 및 시공절차를 포함한다.)

6) 안전점검 시기방법

- 자체안전점검 : 건설사업자와 주택건설등록업자가 공사기간 동안 매일
- 정기안전점검 ; 건설공사의 종류 및 규모를 고려하여 국토교통부장관이 고시
- 정밀안전점검 : 정기안전점검 결과 기능결함이 발견되어 보수, 보강이 필요한 경우

7) 건설공사 안전관리조직

- 안전총괄책임자 : 해당 건설공사의 시공 및 안전에 관한 업무를 총괄하여 관리하는 자
- 분야별 안전관리책임자 : 토목, 건축, 건기, 기계, 설비 등 건설공사의 각 분야별 시공 및 안전관리를 지휘하는 자
- 안전관리담당자 : 건설공사 현장에서 직접 시공 및 안전관리를 담당하는 자
- 협의체 : 수급인과 하수급인으로 구성된 협의체 구성원

– 협의체는 매월 1회 이상 회의를 개최하여야 하며, 안전관리계획 이행에 관한 사항과 안전사고 발생시 대책 등에 관한 사항을 협의한다.

8) 안전관리조직의 직무범위

① 안전총괄책임자

- 안전관리계획서의 작성 및 제출
- 안전관리 관계자의 업무 분담 및 직무 감독
- 안전사고가 발생할 우려가 있거나 안전사고가 발생한 경우의 비상동원 및 응급 조치
- 안전관리비의 집행 및 확인
- 협의체의 운영
- 안전관리에 필요한 시설 및 장비 등의 지원
- 제100조제1항 각 호 외의 부분에 따른 자체안전점검의 실시 및 점검 결과에 따른 조치에 대한 지휘감독
- 제103조에 따른 안전교육의 지휘감독

② 분야별 안전관리책임자

- 공사 분야별 안전관리 및 안전관리계획서의 검토·이행
- 각종 자재 등의 적격품 사용 여부 확인
- 자체 안전점검 실시의 확인 및 점검 결과에 따른 조치
- 건설공사현장에서 발생한 안전사고의 보고
- 제103조에 따른 안전교육의 실시
- 작업 진행 상황의 관찰 및 지도

③ 안전관리담당자

- 분야별 안전관리책임자와 직무 보조
- 자체안전점검의 실시
- 제103조에 따른 안전교육의 실시

9) 건설공사 현장의 사고조사 및 조치

- 건설사고가 발생한 것을 알게 된 건설공사 참여자(발주자 제외)는 즉시 필요한 조치를 취하고 2시간 이내에 발주청 및 인·허가기관의 장에게 통보하여야 한다.
- 통보내용 : 사고발생 일시 및 장소, 경위, 피해사항, 공사명 등
- 건설사고 : 사망 또는 3일 이상 휴업이 필요한 부상 또는 1천만 원 이상 재산피해가 발생한 사고를 말한다.
- 중대건설현장사고 : 사망자 3명 이상 또는 부상자 10명 이상 또는 건설 중이거나 완공된 시설물이 붕괴 또는 전도되어 재시공이 필요한 경우를 말한다.

10) 안전관리계획 수립기준

① 안전관리계획

㉠ 건설공사의 개요

- 공사 전반에 대한 개략을 파악하기 위한 위치도, 공사개요, 전체 공정표 및 설계도서(해당 공사를 인가·허가 또는 승인한 행정기관 등에 이미 제출된 경우는 제외한다.)

㉡ 안전관리조직

- 공사관리조직 및 임무에 관한 사항으로서 시설물의 시공안전 및 공사장 주변안전에 대한 점검·확인 등을 위한 관리조직표

㉢ 공정별 안전점검계획

- 자체안전점검, 정기안전점검의 시기·내용, 안전점검 공정표 등 실시설계 등에 관한 사항(계측장비 및 폐쇄회로 텔레비전 등 안전 모니터링 장비의 설치 및 운용계획을 포함한다.)

㉣ 공사장 주변 안전관리대책

■ 공사 중 지하매설물의 방호, 인접 시설물 및 지반의 보호 등 공사장 및 공사현장 주변에 대한 안전관리에 관한 사항

ⓜ 통행안전시설의 설치 및 교통소통계획

■ 공사장 주변의 교통소통대책, 교통안전시설물, 교통사고예방대책 등 교통안전관리에 관한 사항

ⓑ 안전관리비 집행계획

■ 안전관리비의 계상액, 산정명세, 사용계획 등에 관한 사항

ⓢ 안전교육계획

■ 안전교육계획표, 교육의 종류·내용 및 교육관리에 관한 사항

ⓞ 비상시 긴급조치계획

■ 공사현장에서의 비상사태에 대비한 비상연락망, 비상동원조직, 경보체제, 응급조치 및 복구 등에 관한 사항

② 대상 시설물별 세부 안전관리계획(해당 공종 착공 전에 제출 가능)

ⓖ 가설공사

■ 가설구조물의 설치개요 및 시공상세도면
■ 안전시공 절차 및 주의사항
■ 안전점검계획표 및 안전점검표
■ 가설물 안전성 계산서

ⓝ 굴착공사 및 발파공사

- 굴착, 흙막이, 발파, 항타 등의 개요 및 시공상세도면
- 안전시공 절차 및 주의사항
- 안전점검계획표 및 안전검검표
- 굴착 비탈면, 흙막이 등 안전성 계산서

ⓒ 콘크리트공사

- 거푸집, 동바리, 철근, 콘크리트 등 공사개요 및 시공상세도면
- 안전시공 절차 및 주의사항
- 안전점검계획표 및 안전점검표
- 동바리 등 안전성 계산서

ⓓ 강구조물공사

- 자재·장비 등의 개요 및 시공상세도면
- 안전시공절차 및 주의사항
- 안전점검계획표 및 안전점검표
- 강구조물의 안전성 계산서

ⓔ 성토 및 절토공사(흙댐공사를 포함한다.)

- 자재·장비 등의 개요 및 시공상세도면
- 안전시공절차 및 주의사항
- 안전점검계획표 및 안전점검표
- 안전성 계산서

ⓕ 해체공사

- 구조물해체 대상·공법 등 개요 및 시공상세도면

■ 해체순서, 안전시설·조치 등에 대한 계획

㉦ 건축설비공사

■ 자재·장비 등 개요 및 시공상세도면

■ 안전시공 절차 및 주의사항

■ 안전점검계획표 및 안전점검표

■ 안전성 계산서

③ 그 밖에 건설공사의 안전 확보를 위하여 안전관리계획에 포함하여야 하는 세부사항은 국토교통부장관이 정하여 고시할 수 있다.

11) 안전관리자 선임

■ 사업장내 안전에 관한 기술적인 사항에 관하여 사업주와 관리책임자를 보좌하고 관리감독자에게 지도·조언을 하는 안전관리자를 두도록 한다.

① 관리책임자

■ 당해 사업을 실질적으로 총괄·관리하는 자로서 산업안전보건업무를 총괄·관리할 의무를 가지며 현장소장이 해당된다.

② 관리감독자

■ 경영조직에서 생산과 관련되는 업무와 그 소속직원을 직접 지휘·감독하는 부서의 장 또는 그 직위를 담당하는 자를 말한다.

12) 안전관리자 선임 대상

■ 공사금액이 120억 원 이상(토목공사는 150억 원 이상)

■ 공사금액이 50억 원 이상인 건설현장으로 단계적 확대(관계수급인의 경우 100억

원 이상)

- 2020년 7월 1일부로 100억 원 이상 건설공사
- 2021년 7월 1일부로 80억 원 이상 건설공사
- 2022년 7월 1일부로 60억 원 이상 건설공사
- 2023년 7월 1일부로 50억 원 이상 건설공사

■ 안전관리자 공동 선임기준(같은 사업주가 경영하는 2개 이상의 사업장에 1명만 가능)

- 같은 시·군·구(자치구) 지역에 소재
- 사업장 간의 경계를 기준으로 15km 이내에 소재

13) 안전관리자 자격 및 선임 방법

① 안전관리자의 자격

■ 법 제143조제1항에 따른 산업안전지도사

■ 국가기술자격법에 따른 산업안전산업기사 이상의 자격취득자

■ 국가기술자격법에 따른 건설안전산업기사 이상의 자격취득자

■ 고등교육법에 따른 전문대학 이상의 학교에서 산업안전 학위취득자

■ 건설현장(종합공사)에서 안전보건관리책임자로 10년 이상 재직한 자 등

② 안전관리자 선임 방법

■ 공사금액 120억 원(토목 150억 원)이상 800억 원 미만의 경우 유자격 안전관리자 1명 전담 선임

■ 공사금액 800억 원 이상의 경우 2명 이상(공사금액에 따라 1명씩 추가 선임)

■ 안전관리자를 선임한 날로부터 14일 이내에 관할 지방고용노동관서의 장에게 선임보고서를 제출하여야 한다.

14) 안전관리자 업무

- 산업안전보건위원회(노사협의체) 심의·의결, 안전보건관리규정 및 취업규칙에서 정한 업무
- 위험성평가에 관한 보좌 및 지도·조언
- 안전인증대상 기계, 자율안전 확인대상 기계 구입 시 적격품 선정에 관한 보좌 및 지도·조언
- 안전교육계획 수립 및 안전교육 실시에 관한 보좌 및 지도·조언
- 사업장 순회점검, 지도 및 조치 건의
- 산업재해 발생원인 조사·분석 및 제발 방지를 위한 기술적 보좌 및 지도·조언
- 산업재해 통계의 유지·관리·분석을 위한 보좌 및 지도·조언
- 안전에 관한 사항의 이행에 관한 보좌 및 지도·조언
- 업무 수행 내용의 기록·유지
- 그 밖에 안전에 관한 사항으로서 고용노동부장관이 정하는 사항

15) 건설재해예방전문지도기관 기술지도

① 건설공사도급인은 해당 건설공사를 하는 동안에 건설재해 예방 전문지도 기관에서 건설 산업재해 예방을 위한 지도를 받아야 한다.

- 공사 착공 전날까지 계약체결 및 증빙서류를 비치하여야 한다.

② 대상

- 공사금액 1억 원 이상 120억 원(토목공사의 경우 150억 원) 미만 건설공사
- 건축법 제11조에 따른 건축허가 대상이 되는 공사

③ 제외 대상

- 공사기간이 1개월 미만 공사
- 육지와 연결되지 아니한 섬 지역(제주특별자치도는 제외) 공사

■ 전담안전관리자를 선임(지방고용노동관서의 장에게 선임보고서를 제출한 자)한 공사
■ 유해·위험방지계획서를 제출해야 하는 공사

④ 미체결 시 처벌규정

■ 300만 원 이하 과태료(법 제175조, 영 별표35)
- 1차: 200만원, 2차: 250만원, 3차 이상 위반: 300만원
- 산업안전보건관리비 20% 환수조치(영 별표18)

⑤ 건설재해예방전문지도기관 지정 현황

■ 107개 기관
■ 고용노동부 홈페이지(www.moel.go.kr) → 정보공개 → 사전정보공표목록 → 산재예방이나 산재보상 참조

표 19, 고용노동부 사이트

16) 산업안보건관리비 계상

① 건설공사 발주자와 도급인(건설공사 발주자로부터 최초로 도급받은 수급인 제외)은 도급계약을 체결하거나 공사 사업계획을 수립하는 경우 고용노동부장관이 고시하는 바에 따라 산업재해예방을 위한 산업안전보건관리비를 계상하도록 하여야 한다.

- 산업안전보건관리비는 건설사업장과 본사 안전전담부서에서 산업재해의 예방을 위하여 법령에 규정된 사항의 이행에 필요한 비용을 달한다.

② 건설업 산업안전보건관리비 계상 및 사용기준

㉠ 적용범위

■「산업재해보상보험법」 제6조에 따라 「산업재해보상보험법」의 적용을 받는 공사 중 총 공사 감액이 2천만 원 이상인 공사

■ 다음 공사 중 단가계약에 의하여 행하는 공사에 대하여는 총계약금액을 기준으로 적용한다.

-「전기공사업법」 제2조에 따른 전기공사로서 저압·고압·특별고압 작업으로 이루어지는 공사

-「정보통신공사업법」 제2조에 따른 정보통신공사

㉡ 계상기준

■ 건설공사 발주자와 건설공사의 시공을 주도하여 총괄 관리하는 자(자기공사자)는 안전보건관리비를 계상하도록 하고 있다.

- 발주자가 재료를 제공하거나 물품이 완제품의 형태로 제작 또는 납품되어 설치되는 경우에, 해당 금액을 대상액에 포함시킬 경우 안전보건관리비는 해당 금액을 포함시키지 않은 대상액을 기준으로 계상한 안전보건관리비의 1.2배를 초과할 수 없다.

- 대상액이 5억 원 미만 또는 50억 원 이상일 때에는 대상액에 계상기준에서 정한

비율을 곱한 금액

- 대상액이 5억 원 이상 50억 원 미만일 때에는 대상액에 계상기준에서 정한 비율을 곱한 금액에 기초액을 합한 금액

■ 하나의 사업장 내에 건설공사 종류가 2개 이상인 경우(분리 발주한 경우에는 제외)에는 공사금액이 가장 큰 공사종류를 적용한다.

■ 발주자 또는 자기공사자는 설계변경 등으로 대상액의 변동이 있을 겨우 지체 없이 안전보건관리비를 조정 계상하여야 한다.

㉢ 계상방법 및 계상시기

■ 발주자는 당초 예정가격 작성 시 계상한 안전보건관리비를 낙찰률을 적용하지 않고 금액 조정 없이 반영하여야 한다.

■ 발주자는 계상한 안전보건관리비를 입찰공고 등을 통해 입찰에 참가하고자 하는 자에게 알려야 한다.

17) 공사종류 및 규모별 안전관리비 계상기준표

구 분	대상액 5억 원 미만(%)	대상액 5억 원 이상 50억 원 미만		대상액 50억 원 이상(%)	영 발표5에 따른 보건관리자 선임 대상 건설공사(%)
		비율(%)	기초액(원)		
일반건설공사(갑)	2.93	1.86	5,349,000	1.97	2.15
일반건설공사(을)	3.09	1.99	5,499,000	2.10	2.29
중건설공사	3.43	2.35	5,400,000	2.44	2.66
철도·궤도신설공사	2.45	1.57	4,411,000	1.66	1.81
특수 및 기타 건설공사	1.85	1.20	3,250,000	1.27	1.38

■ 대상액 : 직접재료비 + 간접재료비 + 직접노무비
- 발주자가 재료를 제공할 경우에는 해당 재료비를 포함한다.
- 대상액이 구분되지 않은 경우 총공사금액의 70%를 대상액으로 산정한다.

18) 산업안전보건관리비 사용

■ 수급인 또는 자기공사자는 안전보건관리비를 다음 각 호의 항목별 사용 기준에 따라 건설사업장에서 근무하는 근로자의 산업 및 건강장해 예방을 위한 목적으로만 사용하여야 한다.

- 안전관리자 등의 인건비 및 각종 업무 수당
- 안전표지·경보 및 유도시설, 감시 시설, 방호장치 등 안전시설비
- 각종 개인 보호장구의 구입·수리·관리 등에 소요되는 비용
- 외부전문가 또는 전문기관을 활용하여 실시하는 각종 진단, 검사, 자문 등에 소요되는 사업장의 안전·보건진단비
- 안전보건교육에 소요되는 비용 등 안전보건교육비 및 행사비(기초안전보건교육에 소요되는 교육비, 출장비, 수당 포함)
- 근로자 건강관리에 소요되는 비용 및 작업 특성에 따라 근로자 건강보호를 위해 소요되는 비용
- 재해예방전문지도기관에 지급하는 기술지도 비용
- 안전전담 부서의 직원 인건비, 업무수행 출장비 등
- 기타 세부사항은 「건설업 산업안전보건관리비 계상 및 사용기준」을 참조

19) 공사진척에 따른 안전관리비 사용기준

공정율	50% 이상 70% 미만	70% 이상 90% 미만	90% 이상
사용기준	50% 이상	70% 이상	90% 이상

20) 건설업 기초안전보건교육

① 건설사업주는 건설일용근로자 채용 시 해당 근로자가 고용노동부장관에게 등록한 교육기관에서 기초안전보건교육을 이수하도록 의무화 하였다.

- 기초안전보건교육을 이수한 건설일용근로자만 현장 채용 가능

② 적용대상 현장

- 모든 건설공사에 적용

③ 과태료부과(법 제175조, 영 발표35)

- 기초안전보건교육 위반 사업주

1차 위반	2차 위반	3차 위반
10만원/인	20만원/인	50만원/인

- 교육비는 건설일용근로자를 채용한 사업주가 부담한다.
- 산업안전보건관리에서 동 교육비 사용 가능

④ 교육시간 : 4시간

⑤ 교육내용

- 산업안전보건법령 주요내용(건설 일용근로자 관련 부분)
- 안전의식 제고에 관한 사항
- 작업별 위험요인과 안전작업 방법(재해사례 및 예방대책)
- 건설 직종별 건강장해 위험요인과 건강관리

⑥ 교육기관 등록(지정) 현황

■ 83개 기관

■ 고용노동부 홈페이지(www.moel.go.kr) → 정보공개 → 사전정보공표목록 → 산재예방이나 산재보상 참조

21) 산업재해 발생 시 조치사항

① 산업재해와 중대재해

구 분	내 용
산업재해	근로자가 업무에 관계되는 건설물·설비·가스·증기·분진 등에 의하거나 작업 또는 그 밖의 업무로 인하여 사망 또는 부상하거나 질병에 걸리는 것
중대재해	산업재해 중 사망 등 재해정도가 심한 재해 – 사망자 1명 이상 발생 재해 – 3개월 이상의 요양이 필요한 부상자가 동시에 2명 이상 발생한 재해 – 부상자, 직업성질병자가 동시에 10명 이상 발생한 재해

② 산재발생시 보고사항

■ 관할 지방고용노동관서에 보고해야 한다.

– 3일 이상 휴업을 요하는 재해 : 산재발생일로부터 1개월 이내 신고

– 중대재해 : 지체 없이 즉시 신고

■ 제출방법 : 방문, 우편, 팩스, 전자신고(www.moel.go.kr → 민원마당)

■ 미보고 및 허위보고 시 1,500만 원 이하 과태료, 중대재해 시에는 3,000만 원 이하 과태료 부과

■ 산재 발생 시 사업주는 재해발생 원인과 재해방지 계획 등을 기록하고 보존하여야 한다.

③ 산업재해 발생 시 조치사항 및 처리절차

㉠ 재해자 발견 시 조치사항

■ 작업중지 및 재해자 구출
■ 긴급후송 : 재해자 응급조치, 119 구급대, 병원 등 연락
■ 보고 및 현장보존 : 책임자에게 보고, 현장보존, 목격자 확보

ⓛ 산업재해 발생보고
■ 산업재해(3월 이상 휴업) 발생한 날로부터 1개월 이내 지방노동관서에 산업재해 조사표를 제출
■ 중대재해는 지체 없이 지방노동관서에 건화, 팩스 등을 이용하여 보고

ⓒ 산업재해 기록 및 보고
■ 산업재해가 발생한 경우, 기록하고 3년간 보존
– 사업장의 개요 및 근로자의 인적사항
– 재해발생 일시 및 장소
– 재해발생 원인 및 과정
– 재해 재발방지 계획

ⓔ 재해방지 계획에 따른 개선활동 개시
■ 재해발생 원인을 파악하고 재발방지 개선조치 실시

22) 산업재해 발생보고 시 유의사항

① 보고대상 여부 판단을 위한 휴업기간 산정방법
■ 재해발생은 휴업일수에 포함되지 않는다(법정 휴무일 및 공휴일은 포함).
■ 3일 이상의 휴업(산재보고 대상) : (연속하여 3일 이상) 업무에 종사시켜서는 안 된다.

② 근로자가 퇴직 후 산재인정을 받은 경우에도 산재발생 보고대상 재해인지 여부

■ 퇴직여부가 관계없이 산업재해인 경우 보고대상에 해당된다.

■ 산재 해당 여부가 불명확한 경우 근로복지공단의 요양 승인일을 재허발생일로 본다. 하지만, 요양승인일 당시 근로자가 퇴직한 상태라면 보고대상에 해당되지 않는다.

③ 재해발생 후 휴업하지 않고 근무 중 치료를 받다가 재해발생일로부터 1개월이 지난 후 3일간 휴업한 경우 산업재해조사표를 제출해야 하는지?

■ 휴업일수는 객관적으로 증명해주는 의사의 진단 소견 등에 따라 결정되어야 한다.

■ 산재발생 보고를 회피할 목적으로 의사의 진단 소견과 달리 사업주가 임의로 휴업 시기를 조정한 것이라면 산재 미보고의 책임을 면하기 어렵다.

23) 건설현장 추락사고 방지 종합대책

① 배경

■ 정부는 전체 산재 사망자의 절반 이상이 건설현장에서 발생하고 건설사망자 절반 이상이 후진국형 사고인 추락사고에 기인하여 발생하고 있어 "국민생명지키기 프로젝트"의 일환으로 건설현장 추락사고 방지 종합대책을 마련하였다(2019.04.11).

② 주요내용

㉠ 계약단계

■ 일체형 작업발판(시스템비계) 사용 확대

- 공공공사 시스템비계 설계(하도급 포함) 반영 의무화
- 소규모 민간공사(20억 원 미만) 시스템비계 설치 시 건설금융 지원(계약보증 및 선급금보증 수수료 10% 할인, 근로자재해공제로 특별할인율 10% 반영, 담보 융자 실시 등)

■ 착공 전 소규모공사 안전관리계획 확인
– 2층 이상 건축공사 시 가설·굴착공사 등에 대해 안전성 확인·승인
■ 재래식 작업발판 사용현장 집중 점검

㉡ 시공단계
– loT 기반 스마트 안전장비 사용의무화, 공사비에 반영하도록 안전관리비 항목 추가
■ 작업허가제 도입
– 굴착·가설공사 등 위험작업 시 사전작업계획을 감리자에게 확인 받은 후 작업 착수
■ 불시점검 대상 확대
– 점검대상을 전 건설현장으로 확대하고, 50억 원 이상 공사에만 부과하던 부실벌점을 모든 공사에 적용

㉢ 안전문화 정착
■ 대국민 홍보 강화
– 건설안전 대표 슬로건 선포(2019.05.17.) 후 TV, 뉴미디어 등을 통해 전파
– 소규모공사 건축주에게 안전관리 가이드라인 마련 후 배포
■ 안전의식 제고를 위한 사망사고 발생 참여주체 공개
– 사망사고 발생 현장 발주청, 감리자, 시공자 분기별 공개

㉣ 맞춤형 안전교육
■ 개인보호구 미착용 등 안전수칙 위반 근로자 안전교육 의무 이수
■ 안전교육 미실시 사업주 과태료 상향
■ 근로자 개인보호구 착용 교육 의무화

[참고문헌]

- 정용조(2017) 조경적산 및 실무연습, 한국조경신문
- 진성규(2010) 개인사업자들의 경리업무와 사업용 계좌, (주)새로운 제안
- 하야시 아츠무 지음, 박종민 옮김(2008) 회계학콘서트, 한국경제신문
- 국토교통부(2014) 조경공사표준시방서
- (사)대한전문건설협회(2019) 지방계약법령집
- (사)한국건물위생관리협회(2020) 건물위생관리 교육교재
- 대한전문건설협회 건설교육센터(2020) 건설업 교육교재
- 대한전문건설신문(2020) 장성환 세무사의 '건설업세무회계포인트 100'(54)
- 대한전문건설신문(2020) 전문건설업종 28개에서 14개로 통합
- 국토일보(2020) 건설업종개편, 무엇이 달라지나
- 국세청 홈택스 홈페이지
- 아이건설넷 홈페이지
- 조달청 나라장터 홈페이지
- 대한건설협회 홈페이지
- 대한전문건설협회 홈페이지
- 건설공제조합 폼페이지
- 전문건설공제조합 홈페이지

- 한국건설기술인협회 홈페이지
- 키스콘 홈페이지
- 고용보험공단 홈페이지
- 근로복지공단 홈페이지
- 국민건강보험공단 폼페이지
- 국민연금공단 홈페이지
- 4대사회보험정보연계센터 홈페이지
- http:///www.naver.com
- http:///www.daum.net

조경경영 및 실무

초판인쇄 2020년 11월 3일
초판발행 2020년 11월 5일

발 행 인 김재광
지 은 이 정용조
펴 낸 곳 솔과학
등　　록 제10-140호 1997년 2월 22일
디 자 인 디자인투데이(www.designtoday.kr)
정　　가 23,000원
I S B N 979-11-87124-76-4 93520.

주소 : 서울특별시 마포구 독막로 295번지 302호(염리동 삼부골든타워)
Tel(02)714-8655 Fax(02) 711-4656
E-mail : solkwahak@hanmail.net